农产品质量监测与供销决策研究
——以新疆红枣为例

高攀 衡良 著

北京邮电大学出版社
www.buptpress.com

内 容 简 介

本书聚焦于新疆红枣产业的标准化与信息化发展,通过融合大数据、云服务、高光谱成像技术、区块链等先进技术,构建了新疆红枣全产业链的大数据服务平台。内容涵盖新疆红枣资源大数据监测、质量无损检测、质量区块链溯源及市场供销决策等关键环节,旨在提升新疆红枣产业数字化水平,增强市场竞争力,促进枣农增收。书中不仅详细阐述了各项技术的原理与应用,还提供了具体的设计与实现方案,为新疆红枣产业的转型升级提供了科学指导和技术支持。本书适合新疆红枣产业从业人员及科研工作者阅读参考。

图书在版编目(CIP)数据

农产品质量监测与供销决策研究:以新疆红枣为例 / 高攀,衡良著. -- 北京:北京邮电大学出版社,2025.
ISBN 978-7-5635-7514-5

Ⅰ. S665.109;F762.3

中国国家版本馆 CIP 数据核字第 2025MU1490 号

责任编辑:王晓丹 杨玉瑶　　责任校对:张会良　　封面设计:七星博纳

出版发行:北京邮电大学出版社
社　　址:北京市海淀区西土城路 10 号
邮政编码:100876
发 行 部:电话:010-62282185　传真:010-62283578
E-mail:publish@bupt.edu.cn
经　　销:各地新华书店
印　　刷:保定市中画美凯印刷有限公司
开　　本:787 mm×1 092 mm　1/16
印　　张:9.5
字　　数:204 千字
版　　次:2025 年 4 月第 1 版
印　　次:2025 年 4 月第 1 次印刷

ISBN 978-7-5635-7514-5　　　　　　　　　　　　　　　　定价:68.00 元

· 如有印装质量问题,请与北京邮电大学出版社发行部联系 ·

前　　言

　　红枣是一种有着久远种植历史且种类丰富的优质特色果品,它与其他的"五果"桃、李、栗、杏一起被誉为"天然维生素丸",因蕴含大量的营养物质,备受人们的青睐。新疆是有名的"瓜果之乡",得天独厚的地理环境使得新疆出产的果品天然具有独特而优良的质量和口感。新疆维吾尔自治区从2000年开始规模化种植枣树,随着种植品种不断优化,种植面积不断增加,2022年,新疆红枣总产量达到200.61万吨。至今,新疆红枣产业已成为新疆经济增长的重要支柱产业,与棉花、葡萄、番茄等作物共同引领着新疆作物经济。目前,新疆红枣种植面积与产量位居全国首位。

　　当产量激增而市场需求放缓时,红枣市场进入产能过剩阶段。据调研,2004—2014年,新疆红枣价格上涨5～6倍;而2016—2021年,新疆红枣价格由30元/公斤下跌到7～8元/公斤。落后的种植模式、无规划的扩产、粗犷的加工管理方法等,导致了新疆红枣产业产能过剩,效益缩减,枣农年均收入下滑,新疆红枣产业进入了瓶颈期。数据作为当代信息社会的重要生产要素,已成为国家基础性战略资源。国务院在2015年印发的《促进大数据发展行动纲要》中着重强调全面推进我国大数据发展和应用,加快建设数据强国。我国经济社会发展对大数据与各产业融合提出了更高要求。《新疆生产建设兵团国民经济和社会发展第十四个五年规划和二〇三五年远景目标纲要》中指出要做强林果产业。稳固提升红枣、葡萄、苹果、梨、核桃等大宗林果产品优势。集成各项高效生产技术,提高果品质量效益。从社会信息化发展趋势看,大数据时代的到来,为农业农村信息化发展提供了前所未有的良好环境。信息技术与农业生产、经营、管理、服务全面深度融合,信息化成为创新驱动农业现代化发展的先导力量。

　　本书立足于新疆红枣产业标准化、信息化发展,着眼于提升新疆红枣市场品牌效益,提高新疆红枣产业数字化水平,增加红枣企业和枣农的经济收入。本书针对红枣的种植、加工、质量检测、销售和质量追溯等全产业链关键环节,结合大数据技术、高光谱成像技术、区块链、机器学习和复杂网络等,构建和介绍了涵盖红枣资源大数据采集、分类标准及分析应用、红枣产品无损检测及其等级划分、红枣市场大数据及供销决策服务、红枣产品质量追溯及安全保障等内容的新疆红枣产品及市场大数据服务平台。本书适用于新疆红枣产业各环节的从业人员及科研院、所等相关领域研究人员。

本书共分为五章：

第1章：新疆红枣资源大数据监测。1.1节制定了《新疆红枣资源大数据标准》，该标准规范了红枣资源数据采集与整合过程中的术语及其定义，建立了红枣资源数据采集和整合的原则，规定了红枣资源数据采集的内容、来源、方法和途径，明确了红枣资源数据整合的策略及步骤，并给出了红枣分级标准与计算方法；1.2节筛选了新疆红枣种植适宜性因子，根据新疆红枣种植适宜性评价指标，实现新疆红枣种植适宜性评价，并对种植区域进行划分；1.3节介绍了红枣大数据监测系统的设计与实现。

第2章：红枣质量无损检测技术。2.1节介绍了红枣质量无损检测的意义，在红枣产品贮藏与运输过程中，应用技术手段对红枣的含水率、总酸含量、总糖含量进行无损检测，以选择适宜的贮藏条件，延缓质量下降速度，同时根据检测数据为红枣产品进行质量定级，保障消费者的利益；2.2节主要介绍了红枣质量无损检测的原理和目前无损检测领域采用的典型方法，并针对红枣产品特性，建立了基于高光谱的红枣质量无损检测机器学习算法；2.3节围绕红枣质量无损检测介绍了机器学习模型的数据获取和预处理方法、用于检测的主要设备仪器、高光谱红枣图像特征及计算处理算法等，并结合实验结论给出红枣质量的评价指标；2.4节主要介绍红枣干燥储藏期鉴别方法，针对红枣产品存储阶段的质量变化特征，结合高光谱成像技术进行检测鉴别；2.5节对红枣质量的无损检测技术进行了重点阐述；2.6节介绍了新疆红枣质量无损检测系统的设计与实现。

第3章：红枣质量区块链溯源技术。由于现代消费者对产品质量及食品安全日渐关注，故保障消费者权益、建立品牌信誉的手段之一是提供产品溯源追踪信息。3.1节介绍了区块链相关理论与关键技术，研究了传统农产品溯源技术特性，结合红枣供应链的独有特性，提出一种利用区块链技术构建涵盖全供应链环节的红枣产品溯源架构；3.2节阐述了基于区块链的新疆红枣溯源技术，对区块链平台中的专业术语、关键技术、最新算法和信息安全等重点内容，结合红枣产品溯源需求，进行了重点介绍；3.3节是关于溯源区块链网络拓扑结构的内容，分析了红枣供应链的关键环节，并根据各关键环节构建了红枣质量追溯区块链网络架构，最后从软件实现的角度对红枣区块链进行了阐述；3.4节从技术的角度阐述了双工作流的红枣溯源智能合约算法；3.5节介绍了红枣供应链溯源平台的设计与研发。

第4章：新疆红枣市场供销决策技术。4.1节进行了新疆红枣市场大数据的研究，从意义、背景和研究现状等角度对红枣市场大数据的种类、数量、特性及应用意义进行了阐述；4.2节分析了新疆红枣市场大数据，从红枣市场交易三方实体、产品属性特征等方面入手，利用知识图谱技术构建新疆红枣市场大数据知识图谱，划分实体，建立关系，明确属性，分析适用于分布式、异构的红枣市场知识图谱数据存储方案，最后结合新疆红枣市场大数据建立表征模型；4.3节介绍了红枣市场复杂网络模型，应用复杂网络技术对新疆红枣市场进行建模,构建了生产方、渠道方、需求方三层复杂模型,建立了基于GNN的市场特征分析算法,进行模型实体的聚类分析和链路预测分析,提出了一种适用于异构多态预测的图神经网络模型——HMAGNN;4.4节进行了红枣市场供销分析并介绍了决策算法。

  本书主要由石河子大学的高攀、衡良负责撰写,感谢张强、吴宜昌、谭菲、杨景雯、张光鑫等的大力协助。书中参考并引用了大量相关数据,若存在引用不当之处,还请广大读者批评指正!

目 录

第1章 新疆红枣资源大数据监测 ·· 1

  1.1 《新疆红枣资源大数据标准》制定 ·· 1

    1.1.1 范围 ·· 1

    1.1.2 规范性引用文件 ·· 1

    1.1.3 术语及其定义 ·· 2

    1.1.4 红枣资源数据采集和整合的原则 ·· 2

    1.1.5 红枣资源数据的采集 ·· 3

    1.1.6 红枣资源数据的整合 ·· 4

    1.1.7 红枣分级标准与计算方法 ·· 5

    1.1.8 结果验证 ·· 6

  1.2 新疆红枣种植适宜性划分 ·· 6

    1.2.1 红枣种植适宜性因子筛选 ·· 9

    1.2.2 新疆红枣种植生态条件适宜性分析 ···································· 10

    1.2.3 新疆红枣种植适宜性评价及种植区域划分 ·························· 11

  1.3 红枣大数据监测平台设计与实现 ·· 12

    1.3.1 平台需求分析 ·· 12

    1.3.2 功能性需求分析 ·· 12

    1.3.3 非功能性需求分析 ·· 14

    1.3.4 平台功能展示 ·· 15

  本章参考文献 ·· 21

第2章 红枣质量无损检测技术 ·· 24

  2.1 红枣质量无损检测研究 ·· 24

  2.2 红枣质量无损检测原理与典型方法 ······································ 24

- 2.2.1 红枣质量传统检测方法 25
- 2.2.2 基于高光谱成像技术的无损检测方法 26
- 2.2.3 机器学习在无损检测中的研究 26
- 2.3 数据获取与预处理 28
  - 2.3.1 样品准备 28
  - 2.3.2 仪器与软件 29
  - 2.3.3 高光谱成像技术检测原理 30
  - 2.3.4 光谱数据的获取和预处理 31
  - 2.3.5 理化指标的获取 33
  - 2.3.6 评价指标 35
- 2.4 基于高光谱成像技术的红枣储藏期鉴别方法研究 36
  - 2.4.1 数据分析方法 37
  - 2.4.2 特征波长选择 37
  - 2.4.3 结果与分析 40
- 2.5 基于高光谱成像技术的红枣质量无损检测方法研究 47
  - 2.5.1 干枣理化值处理 48
  - 2.5.2 结果与分析 49
- 2.6 新疆红枣质量无损检测系统设计与实现 56
  - 2.6.1 设计需求与目的 56
  - 2.6.2 系统功能与设计 57
  - 2.6.3 系统实现 60
- 本章参考文献 64

第3章 红枣质量区块链溯源技术 67

- 3.1 区块链相关理论与关键技术 67
- 3.2 溯源区块链网络拓扑结构 68
  - 3.2.1 红枣供应链关键阶段 68
  - 3.2.2 红枣区块链网络架构 70
- 3.3 红枣溯源区块链网络构建 73
- 3.4 双工作流的红枣溯源智能合约算法 76
  - 3.4.1 红枣普通交易工作流 76
  - 3.4.2 红枣私有交易工作流 82

  3.4.3 智能合约算法基准测试与分析 ·········· 86
 3.5 红枣供应链溯源平台的设计与研发 ·········· 90
  3.5.1 溯源平台需求分析 ·········· 90
  3.5.2 溯源平台概要设计 ·········· 92
  3.5.3 溯源平台功能模块详细设计与实现 ·········· 95
 本章参考文献 ·········· 103

第4章 新疆红枣市场供销决策技术 ·········· 107

 4.1 新疆红枣市场大数据研究 ·········· 107
  4.1.1 研究背景 ·········· 107
  4.1.2 研究的意义 ·········· 107
 4.2 新疆红枣市场大数据分析 ·········· 108
  4.2.1 新疆红枣产品知识图谱的构建 ·········· 108
  4.2.2 知识存储 ·········· 112
  4.2.3 基于知识图谱的新疆红枣大数据表征模型 ·········· 112
 4.3 红枣市场复杂网络模型构建 ·········· 116
  4.3.1 红枣市场复杂网络模型构建 ·········· 116
  4.3.2 基于GNN的红枣市场特征分析算法及技术研究 ·········· 120
 4.4 红枣市场供销大数据平台 ·········· 128
  4.4.1 红枣供销大数据可视化平台 ·········· 128
  4.4.2 红枣供销小程序设计 ·········· 129
  4.4.3 红枣供销后台管理平台 ·········· 131
 本章参考文献 ·········· 136

附录A 红枣资源数据类别和数据提供单位 ·········· 139

附录B 国家现有干制红枣标准 ·········· 140

第1章　新疆红枣资源大数据监测

1.1　《新疆红枣资源大数据标准》制定

新疆红枣种植资源管理平台是整合了多类型数据以及多功能模块的管理平台,我们针对新疆红枣发展现状以及红枣产业发展需求,开展具有重要市场价值的红枣种植资源管理平台的研发与应用。此平台的研发是基于过往的对红枣种植适宜性的实际调查与研究,通过对新疆红枣产业开展实际调研、需求分析及数据库设计工作,利用数据分布式存储技术和 Java Web 技术,采用 B/S 架构模式,并结合小程序农业数据采集系统及红枣种植适宜性评价模型的研究成果,进行 UI 设计后实现的。

平台采用了前后端解耦的思想和三层架构的设计,做到了前后端分离且前后端部署在不同的服务器上。三层架构包括表示层、业务逻辑层和数据访问层。表示层相当于用户界面,用于接受用户请求,显示业务逻辑层的返回结果,负责用户与应用层的对话;业务逻辑层是系统的核心部分,主要负责向上接受用户的请求并进行处理,向下与数据访问层交互存取数据;数据访问层是系统的最底层,是红枣种植资源管理平台的基础,负责存储数据操作结果、返回数据检索结果等。

1.1.1　范围

《新疆红枣资源大数据标准》制定了新疆红枣资源数据采集与分类的规则。它首先规范了新疆红枣资源数据采集与整合过程中的术语及其定义;然后建立了红枣资源数据采集和整合的原则,规定了红枣资源数据采集的内容、来源、方法和途径,明确了红枣资源数据整合的策略及步骤;最后给出了红枣分级标准与计算方法。

1.1.2　规范性引用文件

GB/T 1.1—2020《标准化工作导则 第 1 部分:标准化文件的结构和起草规则》和 DB65/T 3407—2012《涉农信息资源数据规范》的内容通过规范性引用构成《新疆红枣资源大数据标准》必不可少的条款。其中,注明日期的引用文件,仅该日期对应的版本适用于本标准;未注明日期的引用文件,其所有版本均适用于本标准。

1.1.3 术语及其定义

下列术语及其定义适用于《新疆红枣资源大数据标准》。

1. 自然资源

自然资源仅指红枣生产可以利用的自然环境要素，如土地资源、水资源、气候资源和生物资源等。

2. 红枣资源数据

红枣资源数据指用来记录和表述红枣资源的数字、文字、符号、图形和图像等。

3. 红枣资源数据的采集

红枣资源数据的采集指从目标用户的需求出发，通过各种渠道和形式，获取区域内、不同层级内红枣资源数据的过程。

4. 红枣资源数据的整合

红枣资源数据的整合指对不同来源、不同层次、不同结构、不同内容的农业资源数据进行识别与选择、分类与编码、清洗与转换、激活与融合，使其具有较强的柔性、条理性、系统性和价值性，并创造出新的资源的复杂动态过程。

1.1.4 红枣资源数据采集和整合的原则

建立红枣资源指标体系是对红枣资源数据进行分析评价的前提，一个完整合理的指标体系可以为系统提供正确的分析和评估方向。为了更好地整理新疆红枣资源数据，我们对新疆红枣资源进行分析评价，按如下原则进行资源数据选取。

1. 科学性与实用性

新疆红枣种植适宜性评价指标应当充分且准确地反映红枣种植区自然资源的特点，因此，我们必须科学选择指标的标准化及空间化处理方式，使评价结果具有科学性与实用性。

2. 完整性与代表性

种植适宜性分析所选取的指标应该比较准确且完整，即所选指标应该是由对红枣种植适宜性影响较大的几个资源特征指标所构成。一般情况下，为使指标处理过程方便简单，指标数量可适当精简，且指标应具有代表性，能够体现红枣种植区自然资源的特点。

3. 可比性与可操作性

可比性原则又称统一性原则，是将各系统中不同度量的指标按照一定的方式进行处理，处理后的指标量纲一致，相互可比较，即功能等同化或等效化。等效化的指标能够整合计算，从而反映新疆红枣种植区域的适宜性，以达到红枣种植适宜性分析的可操作性。

1.1.5 红枣资源数据的采集

1. 红枣资源数据采集的内容

（1）红枣资源数据包括基本地理数据、田间调查采集数据、检测检验数据、环境数据、气象数据、监测站数据、遥感监测数据等等。

（2）根据红枣资源数据采集与整合的原则，我们筛选出了7个需要采集的主要数据。

① 地理背景数据：行政区划图、地形图、地形和土地（耕地、园地、林地、草地等）利用等数据。

② GPS 数据：GPS 控制点，土壤、环境、水分、病虫害等采样点的 GPS 点等数据。

③ 土壤数据：土壤类型、土壤剖面、土壤质地、土壤养分（土壤有机质、全氮、全磷、全钾、碱解氮、速效磷、速效钾）、土壤含水量、田间持水量等数据。

④ 气象资料数据：经度、纬度、海拔、日照时数、平均温度、温度极值、空气相对湿度、风速、日降水量、水汽压、气候等数据。

⑤ 质量数据：红枣种类、单果重、纵径、横径、果形指数、硬度、总糖、蛋白质、含水率、维生素 C 等数据。

⑥ 红枣生产管理和经济数据：化肥投入、灌溉、产量水平、农药使用量、价格、种植制度、设施类型、肥料类型、排灌设施、灌溉、排水、农田道路、农业用房、气象站点、地块基本信息等数据。

⑦ 监测数据：各种作物的病情、灾情、疫情遥感数据，土壤肥力监测站数据，土壤墒情监测站数据等。

2. 红枣资源数据采集的来源

（1）野外采集实测数据

野外采集实测数据是通过野外实地测量获取的数据，如由实验田传感器采集的红枣田间墒情数据，野外 GPS 采集的土壤养分含量数据，病害、虫害田间调查数据。

（2）田间实验数据

田间实验数据是模拟红枣田间生长发育过程产生的数据，表示在特定条件下的实际状况。

（3）数字化地图

由于部分地区基础地理数据的主要表达形式或载体是地图，故数字化地图成为农业基础地理数据的来源之一。

（4）航空遥感影像

航空遥感影像为精准农业 GIS 提供了现实的时空数据，可用于在中小尺度上的新疆红枣病虫害监测及其发展预报，土壤、地形、植被、表层地质、气候、水文和地下潜水等各种要素的调查，大面积和较小面积的产量估算。

(5) 社会统计和普查数据

红枣数据社会统计和普查数据是基于一定空间区域的非传统地理数据,通过与空间位置关联与处理,可以转化为红枣资源空间数据。

(6) 内插与估算数据

由于红枣具有生长环境和空间相关联的特点,故通过采样点数据对整个区域数据进行有科学依据的理论推测,从而得到内插与估算数据。如土壤肥力调查、土壤墒情调查、红枣病虫害分布等。

3. 红枣资源数据采集的方法和途径

① 红枣资源数据本身的复杂性及拓展性,决定了它需要在政府的宏观指导和统一协调下,充分调动各方面的积极性,集中社会有效力量,通过调查、实验、采访、交换、采购、查询等方法获得。

② 需要采集的红枣资源数据,按照时态分为历史数据和现实数据。

③ 历史数据可从各涉农部门(如中华人民共和国农业农村部、国家统计局、国家林业和草原局、中国气象局、中华人民共和国科学技术部、国家市场监督管理总局等)获取,参考附录A。

④ 真实数据的采集方法参见《数字农业信息标准研究》。

1.1.6　红枣资源数据的整合

1. 红枣资源数据整合的策略

① 构建红枣资源数据共享平台,建立红枣资源数据中心,这是红枣资源数据整合的基本依托;

② 依据部门管理原则和自然地域原则设立红枣资源数据分中心;

③ 依据部门管理原则和行政区域原则设立红枣资源数据工作站,这是实现红枣资源数据物理上分散、逻辑上集中的关键;

④ 综合运用政策、经济、技术、合作等手段,实现红枣科学数据资源的系统布局,以及红枣资源数据建设的可持续发展。

2. 红枣资源数据整合的步骤

① 数据质量校验:对获取的红枣资源数据进行完整性、一致性、及时性、有效性、准确性、真实性校验。

② 数据清洗转换:对获取的红枣资源数据进行纠正错误、删除重复项、统一规格、修正逻辑、转换构造和数据压缩等,在这个过程中需要业务部门和信息部门配合完成。

③ 数据质量提升:对残缺值和空值进行丢弃等。

④ 数据整合:按照红枣资源数据分类标准,规划、设计好主题数据库框架,将具体的数据归属到对应的主题下,方便后续共享利用。

1.1.7 红枣分级标准与计算方法

1. 红枣分级标准

红枣分级标准参考附录 B。

2. 红枣等级划分计算方法

(1) 数据标准化处理。通常运用极值标准化法对评价指标进行处理,以确定具体指标的实际值在该指标权重中所处的状况。数据标准化可以直接利用熵权法中确定的标准化矩阵 P 计算。

① 对判断矩阵进行标准化处理,得到标准矩阵 P:

$$P = (P_{ij})_{m \times n} \tag{1-1}$$

其中,$P_{ij} = a_{ij} / \sum_{i=1}^{m} a_{ij}$,$P_{ij}$ 为第 j 个指标下第 i 个项目的指标值的比重,m 为待评项目的个数,n 为评价指标的个数,a_{ij} 为第 j 个指标下第 i 个项目的评价值。

② 计算第 j 个指标的信息熵值 e_j:

$$e_j = -\frac{1}{\ln m} \sum_{i=1}^{m} P_{ij} \ln P_{ij} \quad (i,j = 1,2,\cdots,m) \tag{1-2}$$

其中,$e_j (0 \leqslant e_j \leqslant 1)$ 为第 j 项指标的熵值,$-1/\ln m$ 为信息熵系数。

③ 计算 j 个指标的熵权 u_j:

$$u_j = 1 - e_j / \sum_{j=1}^{n} (1 - e_j) \tag{1-3}$$

(2) 确定指标权重,建立加权决策矩阵。将熵权法的权重向量 u_j 考虑到决策矩阵中,通过矩阵 R 的每一行与其权重 u_j 相乘,得到加权后的规范化决策矩阵 $V = (V_{ij})_{m \times n}$:

$$V = \begin{bmatrix} V_{11} & V_{12} & \cdots & V_{1n} \\ V_{21} & V_{22} & \cdots & V_{2n} \\ \vdots & \vdots & & \vdots \\ V_{m1} & V_{m2} & \cdots & V_{mn} \end{bmatrix} = \begin{bmatrix} r_{11} \cdot u_1 & r_{12} \cdot u_1 & \cdots & r_{1n} \cdot u_1 \\ r_{21} \cdot u_2 & r_{22} \cdot u_2 & \cdots & r_{2n} \cdot u_2 \\ \vdots & \vdots & & \vdots \\ r_{m1} \cdot u_m & r_{m2} \cdot u_m & \cdots & r_{mn} \cdot u_m \end{bmatrix} \tag{1-4}$$

(3) 寻求正理想解和负理想解。令 V^+ 表示最优方案(正理想解),V^- 表示最劣方案(负理想解),则有:

$$\begin{aligned} V^+ &= \{\max V_{ij} | i = 1,2,\cdots,m\} = \{V_1^+, V_2^+, \cdots, V_m^+\} \\ V^- &= \{\min V_{ij} | i = 1,2,\cdots,m\} = \{V_1^-, V_2^-, \cdots, V_m^-\} \end{aligned} \tag{1-5}$$

(4) 距离计算。分别计算不同样区评价向量到正理想解的距离 D^+ 和到负理想解的距离 D^-:

$$\begin{aligned} D^+ &= \sqrt{\sum_{i=1}^{m} (V_{ij} - V_i^+)^2} \\ D^- &= \sqrt{\sum_{i=1}^{m} (V_{ij} - V_i^-)^2} \end{aligned} \quad (i,j = 1,2,\cdots,m) \tag{1-6}$$

(5) 计算不同用途与最优方案的贴近度 C_j：

$$C_j = \frac{D^-}{D^- + D^+} (1 \leqslant j \leqslant n) \qquad (1-7)$$

3. 新疆红枣质量等级划分

新疆红枣质量等级划分标准见表 1-1。

表 1-1 新疆红枣质量等级划分标准

等级划分	贴合度 C_j	红枣等级	评价结果
1	$C_j \geqslant 0.45$	特级枣	色泽好,果皮颜色一致,紫红,鲜艳有光泽。果形饱满,果实丰满,皱纹少而浅,果肉肥厚,有弹性
2	$0.35 \leqslant C_j < 0.45$	一级枣	果皮颜色一致,紫红,鲜艳有光泽。果形饱满,果实丰满,皱纹少而浅,果肉肥厚,有弹性
3	$0.30 \leqslant C_j < 0.35$	二级枣	色泽较好,果皮颜色基本一致,紫红或红,有光泽,果形较饱满,果实较丰满,果肉较肥厚,弹性较厚
4	$C_j < 0.30$	三级枣	色泽一般,果皮颜色较一致,红色较浅,光泽度较差果实不丰满,弹性较差

1.1.8 结果验证

绘制红枣资源地理等级分布图,将评价结果与当地实际情况进行对比分析,并选择典型枣农进行实地调查,验证评价结果与当地实际情况的吻合程度。

1.2 新疆红枣种植适宜性划分

新疆是有名的"瓜果之乡",借助新疆得天独厚的光、热、土地等自然资源优势,出产的各种果品天然具有独特而优良的质量和口感。新疆维吾尔自治区从 2000 年开始规模化种植枣树,随着种植品种不断优化,种植面积不断增加,以及团场职工收入渠道增多等方面原因,红枣产业逐渐成为新疆经济的一个重要增长极,并已成为新疆经济增长的重要产业支柱,与棉花、葡萄、番茄等作物共同领导着新疆作物经济。目前,新疆红枣种植面积与产量位居全国首位。数据显示,新疆红枣产量近几年呈增长趋势,据 2020 年新疆统计年鉴,2019 年新疆红枣总种植面积 44.52 万公顷,新疆红枣产量 372.77 万吨;据 2021 年新疆统计年鉴,2020 年新疆红枣总种植面积 41.35 万公顷,新疆红枣产量 381.24 万吨。新疆红枣 2020 年产量比 2019 年产量增加了 8.47 万吨,同比增长了 2.27%。从图 1-1 中我们可以看出,2020 年新疆红枣产量约是 2004 年的 10 倍。2000—2020 年新疆灰枣成品平均价格如图 1-2 所示,2014 年、2021 年、2022 年年底灰枣价格如表 1-2 所示。

以优化红枣产业种植结构为目的,以提高红枣种植效率为基础,开展并应用农业信息化技术是推动新疆红枣种植业发展的重要途径。因此,利用有效的方法整合新疆红枣种植资源数据,形成完备、结构化的资源管理系统,构建实时、动态资源信息展示,建立具体、可靠的红枣种植资源评价及种植适宜性划分分析方法,是新疆红枣产业可持续发展的关键。本书着眼于市场,运用信息技术手段,旨在针对红枣产业种植资源数据管理标准不统一、数据来源较为单一、对红枣的种植适宜性评价维度不够全面等关键问题,利用合理的标准从气候、土地等方面区分优劣种植区域,整合新疆红枣种植资源数据,实现不同类型红枣资源数据间的信息整合、业务协同与信息共享。因此,研发与应用新疆红枣种植适宜性评价与资源管理平台,对新疆红枣产业的提质增效具有重大的科学和现实意义。

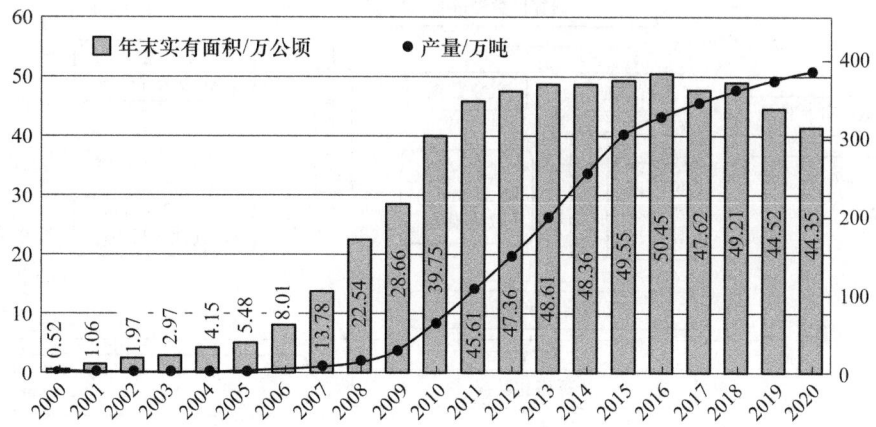

图 1-1 2000—2020 年新疆红枣产量及种植面积变化

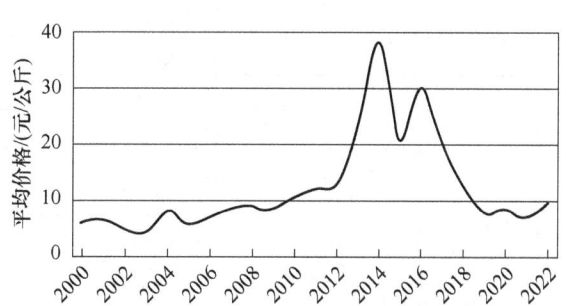

图 1-2 2000—2020 年新疆灰枣成品平均价格

表 1-2 2014 年、2021 年、2022 年年底灰枣价格

交易种类	交易价格		
	2014 年/(元/公斤)	2021 年/(元/公斤)	2022 年/(元/公斤)
7 年树龄特级灰枣	38.00	9.00	14.00
7 年树龄一级灰枣	35.00	8.00	12.00
7 年树龄二级灰枣	26.00	6.50	10.00
7 年树龄三级灰枣	22.00	5.50	9.00
7 年树龄四级灰枣	18.00	4.00	8.00
统货	12.00	3.50	4.00

本节通过对新疆各地红枣资源进行现状调查,获取红枣种植资源数据并处理;同时,明确新疆红枣在生长发育过程的适宜性因子,进而确定新疆红枣种植适宜性评价指标,实现新疆红枣种植适宜性评价并对种植区域进行划分。在此基础上,设计新疆红枣数据资源数据库,开发信息采集系统,研发新疆红枣资源管理平台,实现新疆红枣资源信息化管理和可视化服务,如图1-3所示。

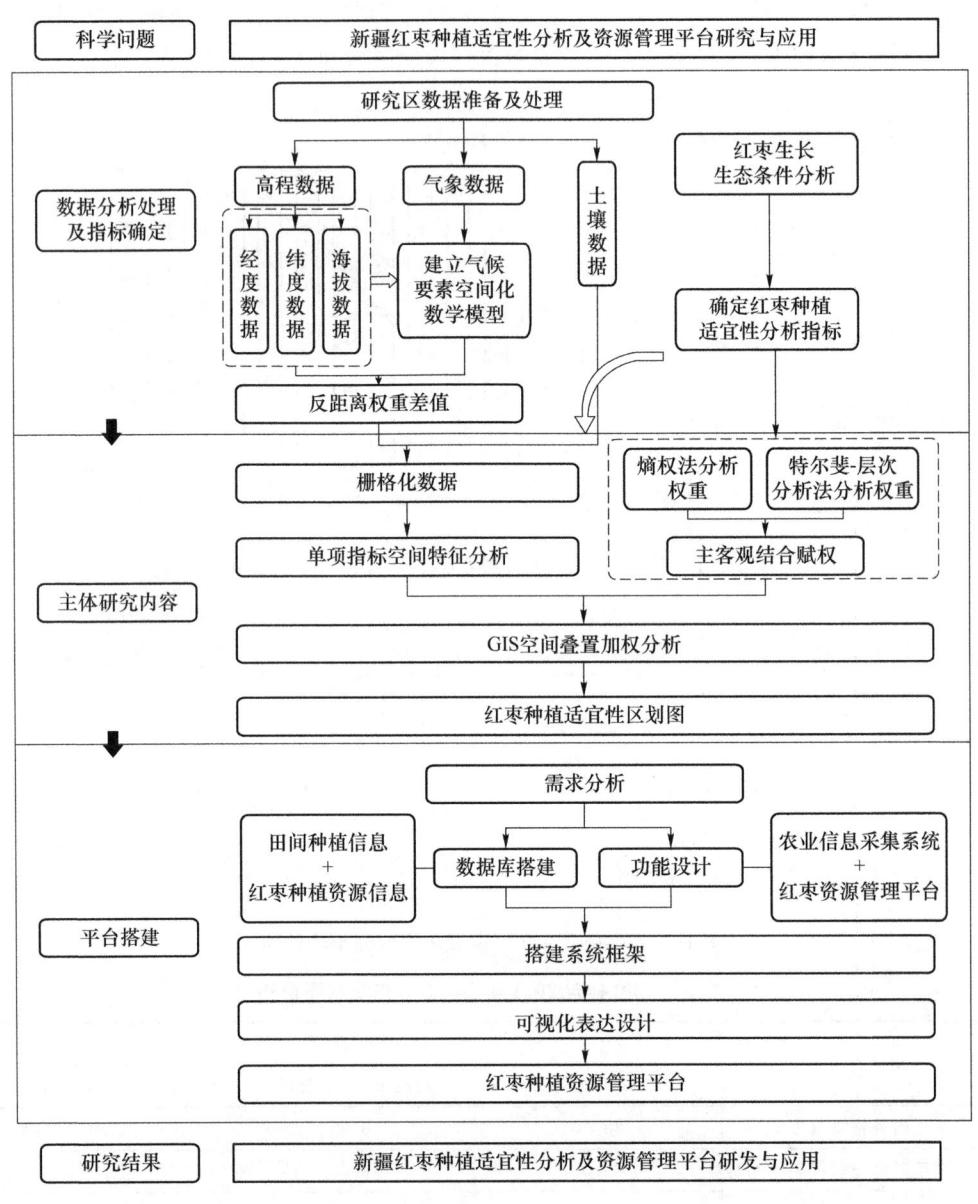

图1-3 技术路线图

1.2.1 红枣种植适宜性因子筛选

种植适宜性作为特色林果产业得以构建的自然基石,反映了林果生长对环境的要求与实际生态环境的吻合程度,也就是林果生长发育、产量及质量形成的节律与周围环境的吻合程度,用于评价特色林果业的区域适宜性。种植适宜性主要是看林果是否能充分地利用当地资源,适应市场需求。不同种类、不同品种的林果有其各自的生态特性,对自然资源的利用情况不同,甚至同一品种的林果在不同生育期、不同的生态环境下所获得的水、光、热等自然资源的数量和质量也不相同,进而,大量学者在各自领域开展了种植适宜性及种植适宜区域的研究。生物和环境的种植适宜性是确立作物种植格局的基本依据,根据某一地区特定的环境条件及时地对当地主要作物的种植适宜性进行有效的综合评价,对农业生产具有重要的指导意义。

综合评价可以对作物生长适宜性进行多指标的综合评价,其中,层次分析法在解决农业相关问题中被广泛应用。Kahsay 等将 AHP 与 GIS 技术相结合,选取土壤、气候、地形因子,评估埃塞俄比亚北部半干旱地区的土壤是否适合种植高粱;Pramanik 应用 AHP 与 GIS 技术,对土壤、地质、海拔进行分析,评估了印度大吉岭地区农业土地种植适宜性;早在 20 世纪 80 年代,我国学者就将作物生长习性与多地气候条件进行对比,应用模糊综合评价的方法,分析作物在某一地区的种植适宜性。对于作物种植适宜性指标的选取,秦明星等运用层次分析法对影响红芸豆种植适宜性的指标进行分析,杨帆等采用层次分析法及专家打分法构建白芷种植适宜性指标体系,曾钦文等运用层次分析法与综合指数法构建适宜性评价体系。

我国最早的适宜性区划研究是谢治银等在 1982 年提出的全国范围的以气象因子为指标的柑橘种植适宜性区划。在此基础上,大量学者针对农业气象资源开展研究,分析不同地区气象指标及其变化对作物生长发育的影响。气象及土地数据是影响作物生长的重要因素,GIS 技术可以分析多变且复杂的自然资源数据,对时间和空间维度的数据进行有效的处理、管理以及区划研究。贺文丽等以气候条件为指标,应用 GIS 技术以及模糊综合评判方法,划分猕猴桃种植气候适宜区;李应桃等对气象指标进行主成分分析,并使用二维图论聚类分析对气候相似区域进行聚类,以此进行适宜性区划。也有学者融合最大熵模型结合 ArcGIS 空间分析技术及多元回归算法进行建模分析,了解种植适宜性的空间分布规律,得到种植适宜区的潜在分布,对当地种植区域进行生态种植适宜性区划。随着研究的深入,在结合种植地理分布信息以及气象指标信息的基础上,李东颖等对作物种植适宜性的影响因子进行进一步筛选分析,选取气候、土壤、地形 3 个指标作为评价因子,进行种植适宜性决策;彭睿文等选取地形气象、土地利用及生态保护等多因子建立评价指标体系,并进行 ArcGIS 的空间叠加分析确定种植适宜性;张山清等运用 ArcGIS 空间插值技术及综合加权分析对气候与气候时空变化进行分析,进行新疆红枣及核桃的精细化区划;李曦光等以气象因子、绿洲灌溉区和沙漠敏感区的土地因子及高程因子为变量,利用GIS技术和最大熵模型分析新疆红枣的潜在适宜区分布。

目前,种植适宜性评价被广泛用于作物生长发育、农业气候区划、新品种推广等研究领域。在区域尺度上全面认识红枣对种植区自然资源的适宜性有助于因地制宜地选育和发展红枣种植业,使红枣生长与地区的光、热、水资源相匹配,最大限度地利用气候资源,降低不利气候条件的影响,科学调整新疆红枣种植区域,提高新疆地区红枣质量及产量。

1.2.2 新疆红枣种植生态条件适宜性分析

本书研究并整理归纳了新疆及其周边共72个气象台站2000—2020年的平均温度、平均降水量、日最低温度等基础气象数据,形成Excel表格,并应用SQL语句将各个气象站点的基础气象数据处理为种植适宜性指标数据,形成气象站点种植适宜性指标Excel表格。我们将气象数据导入地理信息系统(ArcGIS),应用气候要素空间化数学模型及反距离权重内插法进行精细化空间插值处理。

新疆是全国最大的红枣产区,为了了解有助于红枣生长的生态指标,首先要对红枣的生长适宜性生态条件进行分析,这是红枣种植适宜性评价研究的前提,主要的红枣生长适宜性生态条件指标包括:

(1) 温度

当温度达13~15 ℃时,枣树便开始萌动;当温度达到15~17 ℃时,枣树抽枝展叶、花芽分化;当温度达到19 ℃以上时,枣树现蕾。通常情况下,南疆地区枣树在5月下旬进入开花期,6月上旬进入坐果生长期,开花-坐果期的适宜温度为24~30 ℃。若此时期温度低于25 ℃或高于30 ℃,这对枣树发育进程十分不利。温度低于20 ℃时,花粉发育不良;温度高于30 ℃时,花期会明显缩短。枣树在坐果期时对低温尤其敏感,温度低于25 ℃时,果实生长会受到较大影响。当旬平均温度达29.3 ℃时,枣树进入末花期。果实一般在9月中旬成熟,成熟期的适宜温度为25 ℃左右。当温度低于20 ℃时,果实停止发育;当温度低于15 ℃时,果实成熟过程受阻,与此同时进入落叶期。枣区年均温度需要在10~15 ℃左右。

(2) ≥10 ℃积温

≥10 ℃积温对枣树生长影响很大,在红枣的整个生育期内,要求≥10 ℃积温达到3 300 ℃以上,优质枣区要求达到3 800 ℃以上。当全年≥10 ℃积温不足3 300 ℃时,红枣产量可能很低,甚至没有产量。

(3) 低温

当温度低于5 ℃时,枣树便进入休眠期。此时,枣树对低温的适应性较强,但不同枣树之间也具有差异。当温度明显下降,3年及以下的幼龄枣树,在-23 ℃以下的低温环境中生存3天,就可能遭遇冻害;生长时间较长的枣树,能抗-28~-30 ℃的极低温度,但在-23 ℃以下的低温环境中生存7天及以上就可能出现冻害,在-28 ℃的低温环境中生存1天及以上也可能遭遇冻害。因此,冬季极端最低气温及低温持续天数成为影响红枣生长发育的重要因子。

(4) 无霜期

红枣种植的最佳无霜期是206天,优质枣区年无霜期一般在185～220天左右。枣树所能承受的极限无霜期天数是259天,时间周期最短的无霜期是103天。

(5) 光照

红枣枣树为典型的喜光树种,光照充足则枣果产量高、质量佳。枣农通常在6—10月制作干制红枣,干制红枣要满足日照时数大于1 200小时,优质干制红枣的日照时数要达1 400小时以上。在光照充足、空气透明度高的地区,太阳光中的紫外线具有较强的杀菌作用,可以降低枣树发生病害的概率。

(6) 降水

红枣枣树相对耐旱,对降水的适应性很强,可以生长在年降水量100～1 200 mm的地区,年降水量为400～700 mm最适宜。枣树在5—6月的开花坐果期对降水需求量较大,此时受旱将影响产量,后期对降水的需求量相对较小。除高山地区外,新疆多数地区年均降水量不足100 mm,单凭自然降水很难满足红枣需水,还需要依靠灌溉供水。但全年雨水不宜过于充足,在雨水充足的年份,病果率可达30%以上。

(7) 土壤

红枣枣树是耐贫瘠的树种,对土壤的适应性极强,对土壤条件的要求并不苛刻,但土壤是土地资源质量的重要影响因素。在对新疆土地耕作适宜性的评价中,土层厚度和土壤种类是重要的评价指标。在对耕地质量的评价中,土层厚度越厚,其质量越高。红枣种植适宜性也需要看当地的土地耕作适宜性。新疆地形复杂,是土地耕作适宜性研究的薄弱地带,因此,红枣的种植适宜性需要参考新疆土地耕作的适宜性。

1.2.3 新疆红枣种植适宜性评价及种植区域划分

影响新疆红枣生长发育、产量以及果品质量的主要因素是热量条件,光照、降水以及土地状况对其影响不大。因此,应以热量条件为核心对红枣种植区域进行划分。结合红枣整个生长期对气候及土壤条件的要求,针对种植管理过程和农业生产影响因素特点,进行合理的单项指标评价。

通过对影响红枣生长的自然生态环境基础条件进行分析,同时借鉴分析各类文献资料中专家学者丰富的研究成果及其经验,我们根据各项评价指标对红枣种植适宜程度进行分级,从而得到新疆维吾尔自治区红枣种植适宜性评价指标的等级划分结果,如表1-3所示。

表 1-3　种植适宜性评价指标及评价指标等级划分

评价指标及权重		适宜等级		
一级指标	二级指标	高度适宜	较适宜	不适宜
土地因素	土壤类型	人为土、水成土和半水成土	漠土、钙层土和干旱土	其他类型
	土壤厚度	>100 mm	30～100 mm	<30 mm
热量因素	≥10 ℃积温	>3 800 ℃	3 300～3 800 ℃	<3 300 ℃
	年均温度	12～14 ℃	10～12 ℃/14～15 ℃	<10 ℃/>15 ℃
	开花-坐果期平均温度	24～30 ℃	20～24 ℃	<20 ℃/>30 ℃
	极端最低温度	≥−23 ℃	−28～−23 ℃	<−28 ℃
	无霜期	185～220 d	103～185 d/220～259 d	<103 d/>259 d
	≤−23 ℃出现的天数	<3 d	3～7 d	>7 d
降水因素	年降水量	400～700 mm	100～400 mm/700～1 200 mm	<100 mm/>1 200 mm
光照因素	6—10月日照时数	>1 400 h	1 200 h～1 400 h	<1 200 h

1.3　红枣大数据监测平台设计与实现

1.3.1　平台需求分析

需求分析是进行项目设计前的必需工作,具有决策性、方向性和策略性,在平台开发的过程中具有举足轻重的地位。1.3节通过需求分析明确地定义和描述平台需求,使平台最大程度地符合红枣产业发展的需要。需求分析主要包括系统开发的功能性需求分析及非功能性需求分析。通常情况下,需求分析需要对系统角色进行划分,并了解每种角色承担什么样的职责,以及用户对系统的功能及性能的要求,以确定系统的功能模块结构。在需求分析阶段,依据用户需求构建系统主要功能的同时,还应对系统进行性能需求分析,分析其易用性、可扩展性及安全性等方面的需求。

1.3.2　功能性需求分析

通过对新疆红枣产地及企业调研得知,目前引起红枣质量下降的主要因素是气候等红枣种植资源情况的变化,以及种植区域或管理模式的不合理性。把握红枣种植资源状态及红枣产业发展现状有助于红枣产业的发展,能够提高红枣价格和枣农种植信心;建立红枣种植资源管理平台对红枣种植资源进行处理分析并进行可视化管理,有利于解决红枣资源数据和分类标准混乱、种植适宜性评价不规范、供销渠道不畅及市场供需脱节等关键问题。在进行平台的功能服务模块设计时，我们主要考虑如下几类用户的需求。

红枣种植户：红枣种植户想要了解红枣每年种植面积的变化、新疆红枣普遍的种植现状，以及影响红枣枣树的相关气象的变化，结合自身实际合理调整种植模式，及时对气象灾害作出反应，以获得更好的生产效益。同时，平台的建立使得枣农看到红枣产业与科技的结合，会大大提高枣农的种植信心。

红枣企业：红枣企业通过平台获取红枣种植面积及枣农种植管理状态，平台内容对红枣企业调整红枣售卖价格、收购价格及加工流程起指导作用，有利于红枣企业规避市场风险。

政府部门：政府部门通过该平台了解红枣种植区域及面积、影响红枣种植适宜性的因素，以及红枣价格和贸易流向等问题，辅助政府部门进行宏观调控和产业调整，实时并合理地制定相关引导策略，促进红枣产业持续稳定发展。

在红枣种植资源管理平台中，根据平台用户需求将平台用户分为两类，分别为种植户和管理员（规划者/开发者），系统用例分析如图1-4所示。

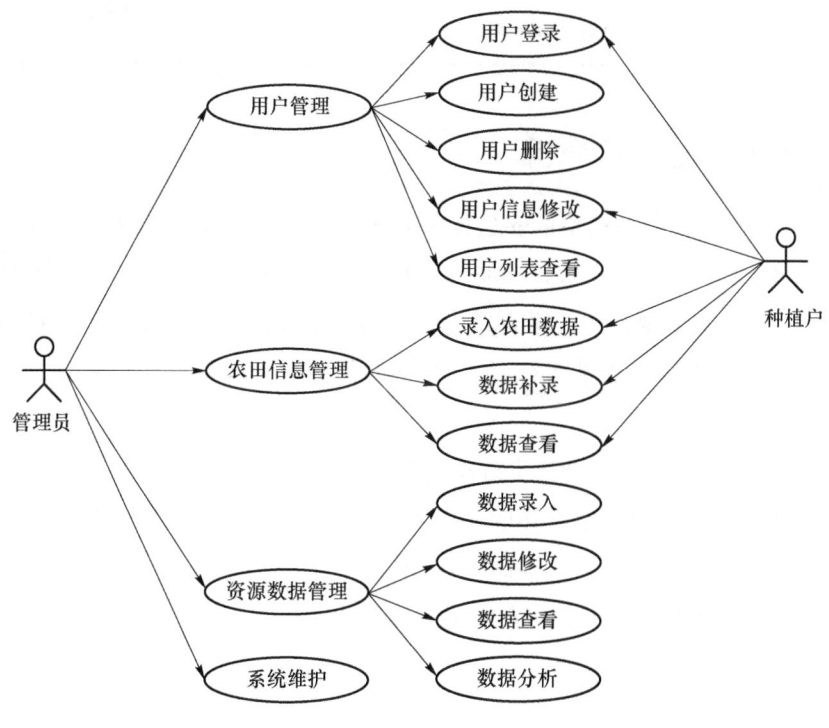

图1-4 系统用例

经过对红枣产业的调研及对用户需求的分析，红枣种植资源管理平台主要完成数据资源采集、数据加工处理、数据分析与可视化展示和数据决策服务等功能需求，功能需求分析如表1-4所示。

表 1-4 功能需求分析

序号	功能需求	需求描述	建设内容
1	数据资源采集	完成新疆各地区红枣资源现状数据及新疆红枣种植过程数据的信息采集,完成采集数据类型的制定、采集方案的配置、采集系统的搭建	农业信息采集系统小程序、农业信息采集系统管理端
2	数据加工处理	数据分析处理系统能够实现对各种不同类型的数据进行抽取、清洗及分析。主要功能包括数据导入导出、数据信息追溯、数据统计分析、主要数据维护管理	新疆红枣资源数据库
3	数据分析与可视化展示	通过整合整个新疆红枣资源状况、实时分析新疆红枣种植产业情况变化,将获取的数据进行加工处理,剖析种植管理过程关键节点,实现种植管理过程对红枣质量的影响分析研究,形成新疆红枣质量评价体系。提供红枣种植、管理、销售等各环节的质量保障	新疆红枣种植适宜性评价体系、新疆红枣资源可视化展示平台
4	数据决策服务	实现新疆红枣资源信息的集中可视化展示与管理,研发新疆红枣资源管理与质量评价平台,提升新疆红枣产业的信息化管理水平	新疆红枣种植资源管理平台

1.3.3 非功能性需求分析

为了使红枣大数据服务模块能够进行科学分析,平台主要的性能指标为以下3个。

① 易用性:由于该平台使用者并非都是相关技术人员,故平台必须是易操作、易上手、界面简洁、具有提示帮助的。平台具有一定的容错和抗干扰能力,在非硬件故障或非通信故障时,平台能够保证正常运行,并有足够的提示信息来帮助用户有效、正确地完成任务。

② 可扩展性:鉴于本平台是初步搭建的平台,随着研究的不断推进、红枣种植数据的不断增加,以及对红枣种植适宜性影响因素的进一步研究,会有更多影响因素需要添加到分析中,还有更多数据模块需要添加到平台,因此,平台编写代码必须是灵活简单的,便于日后的编辑修改及维护操作。为了满足业务的不断变化,一些重要的参数应该可以灵活设置。

③ 安全及稳定性:平台需要对用户私人信息进行保密,各模块相对独立,除必要接口外,尽量减少模块间及子系统间的逻辑依赖。向用户稳定地传递信息,应用主流稳定的设计框架和数据库等,减少代码冗余,减轻运行负荷,定期及时对平台进行维护,避免出现运行状态不稳定现象。

1.3.4 平台功能展示

1. 农业信息采集系统小程序

在农业信息采集系统小程序中,种植户作为普通用户使用移动端,可以在小程序中填写相应的信息,点击上传,将有效信息上传到数据库。农业信息采集系统小程序主要包括个人信息采集模块和农田信息采集模块。

① 个人信息采集模块(图1-5)用于获取用户信息,需要用户填写姓名、手机号、地址、地块面积、地块数量等5项个人资料。用户可以在问题反馈界面进行留言,管理员可以收到留言并进行问题处理。

② 农田信息采集模块(图1-6)是农业信息采集系统小程序的主要模块,包含各类红枣种植管理信息的采集,包括地块信息采集模块、施肥信息采集模块、施药信息采集模块、收获信息采集模块及出售信息采集模块。完成登录注册的用户,需要等待管理员授予其种植户权限。被授予权限后,用户才可以进行信息编辑操作;未被授权时,其操作将显示权限校验未通过。进入信息填写的页面,点击右上角添加按钮,即可添加地块、成交量、产量等信息。已添加的信息可以点击编辑按钮进行信息修改,也可以点击删除按钮进行信息删除,在输入框输入想要编辑的信息关键字即可筛选需要的信息。

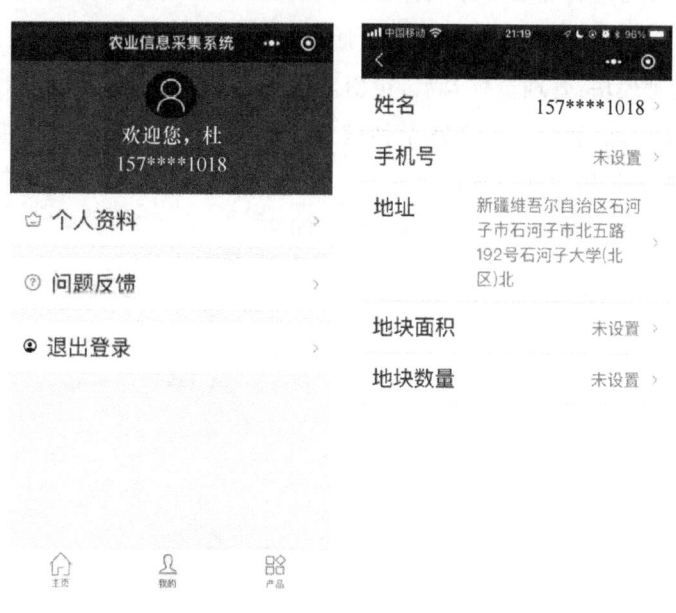

图1-5 个人信息采集模块

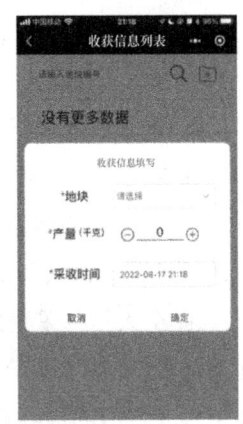

图1-6 农业信息采集模块

2. 农业信息采集系统管理端

农业信息采集系统管理端由项目规划者、程序开发者、系统维护者作为管理员，他们登录系统完成一系列操作并负责平台的维护工作。后台管理端应用基于角色的访问控制(Role-Based Access Control，RBAC)模型，在用户集合与权限集合之间建立角色集合，每组角色对应一组相应权限，一旦用户被分配了相应角色，该用户即拥有此角色的所有权限。本系统按实际需求将登录者分成种植户及管理员，登录者在相应角色的个人权限内进行操作，农业信息采集系统管理端主要包括基础信息管理模块和采集信息管理模块。

基础信息管理模块：管理员登录后，可对种植户进行用户角色设置，对用户基本信息进行添加、修改或删除，管理员负责赋予种植户信息编辑的权限，并可以根据关键词搜索用户，可选中用户并将用户列表导出为Excel表格，如图1-7所示。在留言管理模块，管理员可以查看用户留言，并联系留言者，解决实际问题。

图1-7 基础信息管理模块

采集信息管理模块：对采集的信息数据进行管理，包括品种管理、肥料及施肥管理、药物及施药管理、灌溉管理、厂商管理、地块管理、采收管理。这几个模块的应用模式相似，以肥料管理模块为例，在该模块中，管理员可以查看、添加、编辑或删除肥料名称及基本信息，形成肥料菜单列表，如图 1-8(a)所示。在添加肥料时，代码编号有一定的格式规定，首先添加肥料种类形成一级列表，代码编号记为 $X00$，如图 1-8(b)所示；其次在肥料信息中添加分类，形成二级列表，代码编号记为 XYZ，如图 1-8(c)所示。施肥管理模块可对整条的施肥管理信息进行查看或删除，可对单条施肥信息的肥料名称、施肥量、施肥时间信息进行修改，如图 1-8(d)所示。

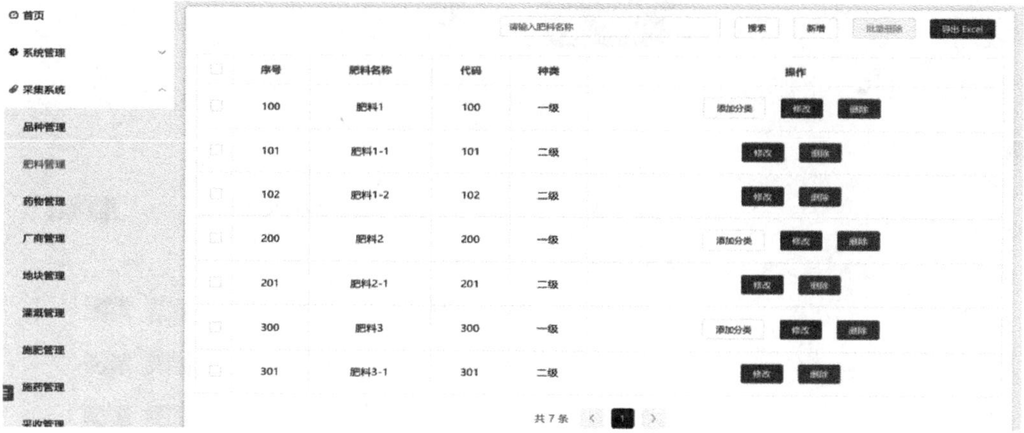

(a)

(b)

(c)

(d)

图1-8 采集信息管理模块

3. 新疆红枣种植资源管理平台

新疆红枣种植资源管理平台主界面是对新疆红枣种植资源信息的可视化展示，作为人机交互的重要组成部分，为了增强用户体验，更加直观、清晰地向用户展示统计数据的变化趋势和规律，表达数据蕴含的信息，平台界面利用计算机图形图像技术原理，直观地将存储在数据库中的数据或数据挖掘分析结果以图形或图像的形式显示在屏幕上，以进行可视化映射。本平台通过对种植管理多维时空数据进行预处理，基于Canvas这种浏览器图形渲染技术，运用JS图表库Echarts技术将数据展示为线图、柱状图、热点图、散点图、饼图等形式。平台主要包括中央功能区、红枣种植自然资源数据、红枣资源现状数据、红枣田间种植数据、红枣种植适宜性评价、数据查询及管理模块、系统管理端。

中央功能区：平台主界面正中央为新疆地理数据及新疆红枣种植分布图。

红枣种植自然资源数据：包括红枣种植区气象，展示各地区逐年的积温数据及无霜期数据;降水数据,展示各地区气象站监测的实时降水量及相对湿度数据;光、热资源数据,展示各地区气象站逐月的平均气温数据及日照时数,如图1-9所示。数据来源为本书所收集的新疆维吾尔自治区2000—2020年资料序列较长的自动气象观测台站建站以来的逐日气象资料,经过数据分析处理,形成各个指标数据并展示。模块操作方面,通过单击图表下方的左右方向箭头,可以切换查看区域;鼠标停留在图表上并向上或向下滚动滚轮,可以拉长或缩短显示时长。

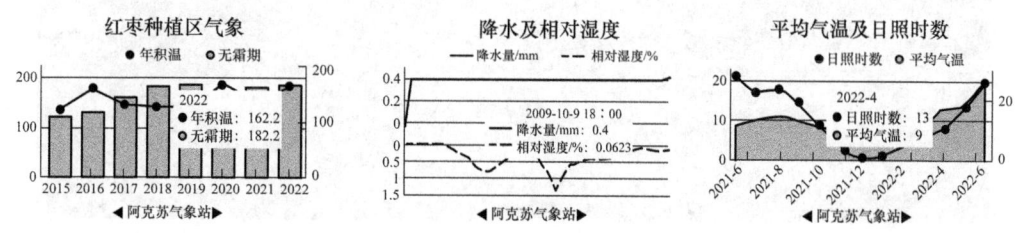

图1-9 红枣种植自然资源数据

红枣资源现状数据:包括新疆维吾尔自治区各个地区的红枣的产量及种植面积,如图1-10所示,显示区域为乌鲁木齐市、吐鲁番市、哈密市、昌吉回族自治州、克拉玛依市、伊犁哈萨克自治州、伊犁州直属县(市)、塔城地区、阿勒泰地区、博尔塔拉蒙古自治州、巴音郭楞蒙古自治州、阿克苏地区、克孜勒苏柯尔克孜自治州、喀什地区、和田地区。数据来源为新疆统计年鉴及兵团统计年鉴。该模块以表格形式呈现数据,并且数据可以自动滚动显示。

图1-10 红枣资源现状数据

红枣田间种植数据:包括各地区各个种植户的施肥状况、施药状况及灌溉状况,如图1-11所示。数据来源为农业信息采集系统,由各个种植户录入,经过系统分析处理后形成表格数据并展示。模块操作方面,首先,滑动第一行,选择所要查看的操作类别;然后,在第二行选择查看区域;最后,展示该操作类别在该区域的数据。数据可以自动滚动展示,用户也可以通过鼠标对其进行控制。

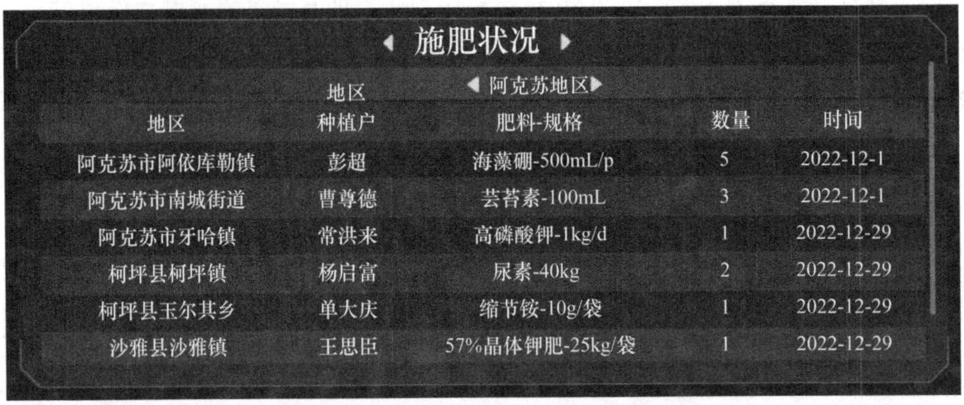

地区	种植户	肥料-规格	数量	时间
阿克苏市阿依库勒镇	彭超	海藻硼-500mL/p	5	2022-12-1
阿克苏市南城街道	曹尊德	芸苔素-100mL	3	2022-12-1
阿克苏市牙哈镇	常洪来	高磷酸钾-1kg/d	1	2022-12-29
柯坪县柯坪镇	杨启富	尿素-40kg	2	2022-12-29
柯坪县玉尔其乡	单大庆	缩节铵-10g/袋	1	2022-12-29
沙雅县沙雅镇	王思臣	57%晶体钾肥-25kg/袋	1	2022-12-29

图 1-11 红枣田间种植数据管理与展示功能

红枣种植适宜性评价:该模块为平台用户提供种植适宜性评价功能,如图 1-12 所示。用户通过输入所在地区的经度、纬度,得出红枣种植适宜性结果并给出相应的种植建议。该模块是红枣种植适宜性评价,收到位置信息后,结合 1.2 节得出的结论,判断用户录入的点属于哪片区域,并给出反馈。在进行操作时,经度、纬度均不能为空,填写后按下回车键,系统会自动分析并给出结论。

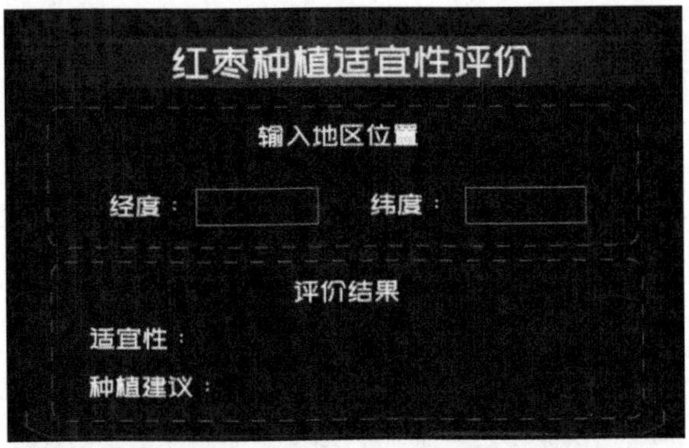

图 1-12 红枣种植适宜性评价

数据查询及管理模块:包括对新疆红枣种植自然资源数据及红枣田间种植数据的查询及管理,该模块也可以说是对数据库资源最简单、直接的可视化展示。用户可以输入关键字进行查询,选择需要的数据,将其导出为 Excel 表格。

系统管理端:该端口仅对身份为管理员的用户开放,该模块对数据库中所有的数据进行整合、管理与展示,管理员不仅可以对数据进行增删改查工作,同时负责对用户信息进行管理,以及担任系统的维护工作。

本节首先进行了用户需求分析、功能需求分析以及性能需求分析,基于平台需求和数据类型以及研究所需红枣种植资源数据,设计了农业信息采集系统和红枣种植资源管理平台。农业信息采集系统用于采集并存储新疆红枣田间种植信息数据,红枣种植资源管理平台使用java在后端做连接,将农业信息采集系统数据库集成到红枣种植资源管理平台数据库中,数据库总体包含田间种植数据、红枣资源数据及环境数据。平台采用模块化的设计方式,对平台各个模块进行详细的功能设计,用户角色分为种植户和管理员,总体功能模块包括登录注册模块、外部数据导入模块、数据存储模块、数据分析处理模块、资源查询及可视化展示模块和后台数据资源管理模块。最后,对各个功能模块进行数据的可视化展示及详细的功能实现。

本章参考文献

[1] AKıNCı H, ÖZALP A Y, TURGUT B. Agricultural land use suitability analysis using GIS and AHP technique[J]. Computers and Electronics in Agriculture, 2013, 97: 71-82.

[2] KUMAR A, PANT S. Analytical hierarchy process for sustainable agriculture: An overview[J]. MethodsX, 2023, 10: 101954.

[3] ARAYA A, KEESSTRA S D, STROOSNIJDER L. A new agro-climatic classification for crop suitability zoning in northern semi-arid Ethiopia[J]. Agricultural and Forest Meteorology, 2010, 150(7/8): 1057-1064.

[4] ROY J, SAHA S. Assessment of land suitability for the paddy cultivation using analytical hierarchical process (AHP): A study on Hinglo River Basin, Eastern India[J]. Modeling Earth Systems and Environment, 2018, 4(2): 601-618.

[5] PRAMANIK M K. Site suitability analysis for agricultural land use of Darjeeling district using AHP and GIS techniques[J]. Modeling Earth Systems and Environment, 2016, 2(2): 56.

[6] MENG X L, SHI F G. An extended data envelopment analysis for the decision-making[J]. Journal of Inequalities and Applications, 2017, 2017(1): 240.

[7] MISHRA A K, DEEP S, CHOUDHARY A. Identification of suitable sites for organic farming using AHP & GIS[J]. The Egyptian Journal of Remote Sensing and Space Science, 2015, 18(2): 181-193.

[8] VAIDYA O S, KUMAR S. Analytic hierarchy process: An overview of applications[J]. European Journal of Operational Research, 2006, 169(1): 1-29.

[9] PLANT R E. Expert systems in agriculture and resource management[J].

Technological Forecasting and Social Change, 1993, 43(3/4): 241-257.

[10] RUAN C, DAI S, RUAN C. Study on Agricultural Resource Management Information System in Huairou District[J]. Scientific Journal of Information Engineering, 2012, 2(2).

[11] 阿迪力·亚森,鲁新新,蒋青松. 农业资源高效利用管理信息系统研究[J]. 安徽农学通报, 2020, 26(24): 137-138.

[12] 白瑞甫,李永贵. 新疆红枣产业发展问题分析[J]. 市场论坛, 2010(05): 42-43.

[13] 白铁成,姚江河. 一种红枣生产管理资源共享平台的设计与实现[J]. 计算机应用与软件, 2015, 32(1): 89-92.

[14] 曹永祥,张伊林,陶勇,等. 石楼县种植红枣的气候条件分析[J]. 安徽农学通报(下半月刊), 2012, 18(16): 142-143.

[15] 曾钦文,罗烨泓,魏璐,等. 河源地区茶树种植适宜性综合评价体系的构建与应用[J]. 广东气象, 2019, 41(5): 54-57.

[16] 常澍. 区域种植业资源管理系统的设计与实现[D]. 郑州:华北水利水电大学, 2020.

[17] 陈法杰,薄彩香,崔登峰. 新疆红枣产业发展问题及对策研究[J]. 新疆农垦经济, 2015(09): 29-33.

[18] 陈刚,刘春富,沈越. 乡村振兴背景下互联网促进乡村资源整合的路径及效果评价[J]. 乡村科技, 2022, 13(4): 6-8.

[19] 陈鹏翔,毛炜峰. 基于GIS的新疆气温数据栅格化方法研究[J]. 干旱区地理, 2012, 35(3): 438-445.

[20] 陈晓丽. 新疆特色林果产品市场营销策略研究——以红枣为例[D]. 石河子:石河子大学, 2019.

[21] 陈振英. 县级基本农田管理信息系统研究[D]. 西安:长安大学, 2014.

[22] 仇会民,邢燕江. 尉犁县红枣种植气候条件分析[J]. 新疆农垦科技, 2014, 37(9): 47-49.

[23] 崔顺林,周全善,邬欢欢. 新疆红枣种质资源管理系统设计与实现[J]. 农业网络信息, 2017(4): 10-12.

[24] 董朝菊,张放,吴涛,等. 大数据在中国果业发展中的应用现状与前景展望——访中国农业科学院农业信息研究所监测预警团队首席科学家许世卫博士[J]. 中国果业信息, 2016, 33(7): 1-8.

[25] 董占山. 作物生产系统及其管理系统[J]. 生态农业研究, 1998, (1): 66-70.

[26] 董志华,李红玉,樊占军,等. 焉耆地区红枣种植与气象条件的分析[J]. 农业与技术, 2012, 32(2): 58-59.

［27］ 段居琦，周广胜．中国双季稻种植区的气候适宜性研究［J］．中国农业科学，2012，45（2）：218-227．

［28］ 高建凡，薛鹏飞．红枣种植气候条件及气象服务措施［J］．世界热带农业信息，2023（1）：1-3．

［29］ 高健，王蕾，罗磊，等．新疆特色林果大数据管理平台设计与建设实践［J］．林业科技，2019，44（5）：45-49．

［30］ 高敏，刘建军．陕西省佳县红枣资源的现状调查研究［J］．陕西林业科技，2015（3）：68-71．

［31］ 高羽佳，王超，辜丽川．基于大数据的特色林果产品质量安全追溯体系的研究［J］．哈尔滨师范大学自然科学学报，2017，33（1）：87-90．

［32］ 龚志柱，李晶．基于AHP方法对线上线下协同发展影响因素的研究［J］．价值工程，2016，35（36）：70-72．

第 2 章　红枣质量无损检测技术

2.1　红枣质量无损检测研究

　　由于鲜枣不易贮存和运输,故我国传统的枣产品以干制和蜜饯为主。制干品种制干率相对较高,主流制干品种为灰枣和骏枣。干制红枣在贮藏过程中如果没有采取适当的措施,那么可能引起质量降低,甚至酿成严重的损失。其中,干制红枣的含水率、总酸含量和总糖含量等对贮藏期干制红枣的质量有重要的影响。如果干制红枣的含水率超标,会导致枣果生虫霉变,危害其质量;而如果其含水率过低,则会使枣果口感和味道变差,不利于食品加工管理,从而严重损害枣农的经济利益。为了确保干制红枣的质量,根据《GB/T 5835—2009》的规定,将干制红枣的等级分为特等、一等、二等和三等。无论采用何种贮藏方式,规定对于三等及以上的干制红枣应达到如下要求:干制大红枣含水率不得大于25%,干制小红枣含水率不得大于28%;总糖含量不低于60%;一般杂质不超过0.5%。高光谱成像技术结合机器学习方法能够对农产品内部质量进行快速、无损、精确的检测。通过检测红枣内部质量属性了解红枣的质量情况,以实现红枣精确分级销售,维护当地枣农的经济利益。因此,本章研究具有重要的意义。干制红枣也称红枣、干枣。

　　研究开展前,我们对阿克苏地区、阿拉尔市、图木舒克市的红枣企业加工厂进行调研。结果显示,目前工业评判红枣质量并分级的主要标准是红枣个头大小、果形饱满度、果皮颜色、触觉(身干,手握不粘个)等,忽略了红枣内部含水率、总酸含量和总糖含量等理化性质的检测。导致市场上会出现红枣又大又红,但是甜度不够,肉质不够厚实的情况,这阻碍了红枣产业进入食品行业的高档市场。而相比传统的理化性质检测方法,采用高光谱成像技术对红枣进行质量属性检测具有显著优势:它能够做到无接触式、无损检测,且其分析速度快、精度高,能够进行即时、连续的现场测量,从而更好地满足在线检测的要求。利用高光谱成像技术结合化学计量分析方法对农产品质量属性进行无损检测已被广泛使用,这为食品质量检测提供了极大的便利。

2.2　红枣质量无损检测原理与典型方法

　　无损检测指在不伤害被检测对象内部组织的前提下,利用材料内部结构异常或缺陷引起的热、声、光、电、磁等反应的变化,以物理或化学方法为手段,借助现代化的技术和设备器材,对被检测对象内部及表面的结构、状态及缺陷的类型、数量、形状、性质、位置、尺寸、分布及其变化进行检查和测试的方法。

2.2.1 红枣质量传统检测方法

红枣的质量检测可以分为传统检测方法和快速检测方法。传统检测方法主要是破坏性检测,常用的破坏性检测方法为化学方法,有以下几种:

1. 气相色谱法(GC)

气相色谱法是利用气体作为流动相的色层分离分析方法。

2. 高效液相色谱法(HPLC)

高效液相色谱法是色谱法的一个重要分支。它以液体为流动相,采用高压输液系统,将具有不同极性的单一溶剂或不同比例的混合溶剂、缓冲液等流动相泵入装有固定相的色谱柱,在柱内各成分被分离后,进入检测器进行检测,从而实现对试样的分析。

3. 薄层色谱法(TLC)

薄层色谱法是一种吸附薄层色谱分离法。它利用各成分对同一吸附剂的吸附能力不同,使在流动相(溶剂)流过固定相(吸附剂)的过程中,连续地产生吸附、解吸附、再吸附、再解吸附,从而达到各成分互相分离的目的。

4. 毛细管电泳分离法(CESM)

毛细管电泳(Capillary Electrophoresis,CE)又称高效毛细管电泳(High Performance Capillary Electrophoresis,HPCE),是一类以毛细管为分离通道、以高压直流电场为驱动力的新型液相分离技术。

5. 高效毛细管电泳(HPCE)

高效毛细管电泳法,是近年来发展最快的分析方法之一。它是以高压电场为驱动力,以毛细管为分离通道,依据样品中各组分之间淌度和分配行为上的差异而实现分离分析的液相分离方法。

这些方法在红枣的质量检测中也被使用。快速检测方法包括快速检测卡法和酶抑制率法。通过专业的操作,这些方法虽然对农产品质量的检测具有较高的准确度,但存在成本很高、费时费力、依赖化学试剂、污染环境等不足。

机器视觉常用于红枣质量的检测与分级。它通过系统拍摄红枣图像,再对图像进行灰度化、图像分割和轮廓提取,计算长、宽参数来估计红枣质量,并实现分级研究,系统对各级大枣的识别准确率超过92%。马本学等结合残差网络通过提取大枣图像的面积、周长、拟合圆半径及纹理数量等特征实现对干制哈密红枣外部质量检测,以进行分类研究;Ju等利用卷积神经网络和迁移学习对实际生产线采集的红枣图像进行缺陷检测,研究得到比较好的检测结果;Luo等提出了一种基于连接区域密度、纹理特征和颜色特征的新型视觉特征融合方法,并表明选定视觉特征融合的优化支持向量机表现出较好效果;Zhang等提出一种基于分水岭分割的图像处理方法,以提取红枣的褶皱特征,利用基于距离变换的分水岭算法对标记的前景区域进行分割,获得的基于皱纹的分级准确率为92.11%。可见,基于机器视觉技术我们实现了对红枣外部质量和缺陷的检测,而未对红枣内部质量如含水率、总酸含量和总糖含量等进行检测。

2.2.2 基于高光谱成像技术的无损检测方法

高光谱成像技术作为一种成熟的方法,已经被应用在农产品的快速无损检测方面,因其能对果品进行快速、无损和高效、准确的质量检测而被大量使用。此外,高光谱成像技术在农产品质量检测、农产品安全检测、生物医学诊断和指导、航天领域、植被和水资源调控等领域获得了显著的研究成果,为农业发展及其他领域发展提供了重要的支持。

对于果品来说,在生长发育和贮藏过程中,其内部组分和细胞结构都会发生改变,这些改变会影响光的吸收率和散射,从而导致光学特性参数、光在组织内的传输路径和穿透能力发生显著变化。通过光谱分析,我们可以发现不同贮藏期果蔬样品在物理结构和化学成分上的差异。因此,我们可以利用化学计量方法建立模型来研究干制红枣的内部质量,以便更好地预测它们的贮藏期。由于高光谱数据有着极高的频谱清晰度和空间清晰度,其数量庞大、冗余度极高、维度极高,而且各波段之间存在着密切的关联。因此,尽管它们提供了丰富的信息,但也给后续处理带来了极大的挑战,有效的数据处理方式对高光谱成像技术的推广和应用至关重要。

2.2.3 机器学习在无损检测中的研究

机器学习技术在食品工业中有着广泛的应用,在检测食品质量和安全方面显示出巨大潜力,尤其是在无损检测技术和设备智能方面,因为它们在处理无关信息、提取特征变量和构建校准模型方面具有强大的能力。Liu等利用两种不同光谱范围内的高光谱成像技术来测定并可视化冬枣可溶性固形物的含量,基于连续投影算法的最小二乘支持向量机(LSSVM)模型取得了较好的表现,结果为预测集决定系数(R_P^2)大于0.873,相对分析误差(PRD)大于2.81。丁佳兴等利用高光谱成像技术对灵武长枣果皮硬度进行了测定,并且比较了自适应加权算法和无信息变量消除法提取特征波长的效果,他们构建了偏最小二乘法回归(PLSR)和LSSVM两种预测模型,结果表明采用全光谱构建的LS-SVM建模效果最佳,其预测集相关系数(R_P)到达了0.955 5,均方根误差为3.828 2。Su等利用近红外高光谱成像(NIR-HSI)和气相色谱法(GC-MS)评估酸枣中挥发性毒死蜱和非挥发性吡虫啉的光谱指标上的变化,建立了偏最小二乘判别分析(PLSDA)和局部加权偏最小二乘回归(LWPLSR)模型,其中基于吸光度(AS)提取的光谱数据的 AS-PLSDA 和指数

ES-PLSDA得到最优结果,交叉验证相关系数RCV超过0.7。余克强等利用HSI基于PLSR、SPA和PCA方法提取与裂纹相关的敏感波段并建立LSSVM模型,结果表明PLSR-LSSVM模型是最优的。Wang等利用可见近红外光谱的反射和透射模式对枣的质量做无损评估,使用PLSR对红枣可溶性固形物的预测,其对于漫反射预测集相关系数(R_P)的范围为0.74～0.91,漫反射预测集均方根误差(RMSEP)的范围为2.018～3.200,其对于透射预测集相关系数(R_P)的范围为0.63～0.73,透射预测集均方根误差(RMSEP)的范围为3.517～3.863,预测得到满意的结果。Wang等利用竞争性自适应重加权抽样(CARS)和迭代保留信息变量(IRIV)来选择特征波长,并使用SVM建立红枣品种鉴别模型,以提高识别准确性和可靠性。通过采用SSA(Sparrow Search Algorithm)算法对支持向量机的惩罚系数和核参数进行优化,他们发现HSI技术结合CARS-IRIV-SSA-SVM能够有效地识别红枣品种,预测准确率达到96.68%,这表明HSI技术在识别红枣品种方面具有显著的优势。Qi等利用NIRS技术结合模糊理论和改进的线性判别算法鉴别红枣品种。此外,他们还使用K近邻算法(KNN)建立红枣样本种类鉴别模型,并取得了良好的结果。刘立新等基于机器视觉图像与近红外光谱机器学习方法对新疆蟠桃质量进行分析研究,近红外光谱得到更好的结果。以上研究表明,利用高光谱成像技术结合机器学习已广泛用于红枣外部损伤、品种鉴别和质量预测等无损检测。

深度学习能够自动地学习特征,并且能够处理海量数据,在高光谱领域广泛使用。高光谱图像的特点是具有高光谱分辨率的大量波段,其需要对每个像素测量连续光谱。因此,高光谱图像如此庞大的波段数量给数据的有效处理带来了挑战。降维(Dimensionality Reduction,DR)算法的目标是识别和消除高光谱数据的统计冗余,同时保留尽可能多的光谱信息。结合光谱和空间信息提供了更全面的分类方法,卷积神经网络具有提取高光谱数据中嵌入的复杂空间和光谱特征的潜力。Li等利用短波红外(SWIR)高光谱成像(HSI)技术结合多元回归模型预测哈密干枣可溶性固形物(SSC)。他们探究了检测位置(茎面朝上,茎面朝下)对HSI数据的影响,以及对SSC预测精度的影响,构建了自定义卷积神经网络(CNN)模型,并将其与PLSR和非线性支持向量回归进行比较。通过采用T-SNE、GA和IRIV算法,他们建立了一个全波段模式,并选择了具有特征的波段进行比较。结果表明,CNN模式的预测结果最佳;决定系数(R_P^2)、RMSEP和相对分析误差(RPD)分别为0.857、0.563和2.648。

本章以新疆麦盖提灰枣为研究对象,针对不同贮藏期的含水率、总酸含量和总糖含量,以机器学习为研究手段,开展基于机器学习及高光谱成像技术的新疆干枣质量无损检测方法研究,为干枣贮藏期质量检测提供技术支撑。

2.3 数据获取与预处理

2.3.1 样品准备

2021年10月,我们选择新疆维吾尔自治区喀什地区的麦盖提(77°28′～79°05′E,38°25′～39°22′N)灰枣作为研究对象展开研究。红枣作为中国新年喜庆和营养丰富的必备食材,在中国的餐桌上扮演着不可或缺的角色。麦盖提以种植的灰枣闻名,因麦盖提灰枣皮薄核小、果肉厚脆、甜醇、滑嫩爽口、入口无渣,深受美食家和家庭"厨师"的喜爱,图2-1为新疆麦盖提灰枣。

图2-1 新疆麦盖提灰枣

图2-2为红枣加工企业的精细分选系统。根据当地红枣分级标准,系统通过对红枣外部质量,如色泽、大小和褶皱程度进行分选,筛选出变形枣、烂口枣、皮皮枣等有外部缺陷的红枣,及一等、二等、三等等不同等级的红枣,如图2-2(a)所示。图2-2(b)为大批量红

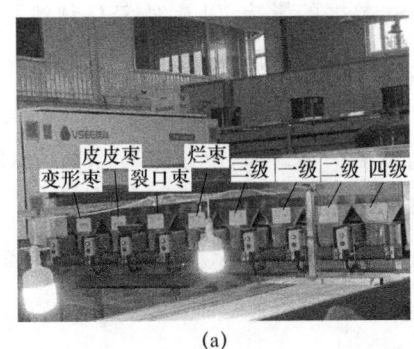 

(a) (b)

图2-2 细加工后的不同等级的灰枣

枣传送带输出出口。针对麦盖提灰枣,我们选择已经经过粗分级、清洗、烘干,经过该精选系统后即将进行贮存,且果形相近、个头一致、表皮完好的灰枣为样本,即将该分选系统筛选出的二等和三等的红枣作为预选样本开展研究。2021年12月20日,我们将样本运回学院的冷藏实验室,并将其储存在相对湿度为(4±1)%RH的贮藏箱中,作为研究样本备用。

2.3.2 仪器与软件

1. 高光谱成像系统

该研究包括可见/近红外高光谱成像系统和近红外高光谱成像系统,研究均在实验室内开展,通过两种不同的高光谱成像系统来获取不同贮藏期干枣的光谱图像,收集方式为漫反射(Diffuse-reflectance)。两种高光谱成像系统均包括载物台、成像模块、光源照明模块和软件处理系统4个部分。本章研究中用到的高光谱成像系统如图2-3所示。

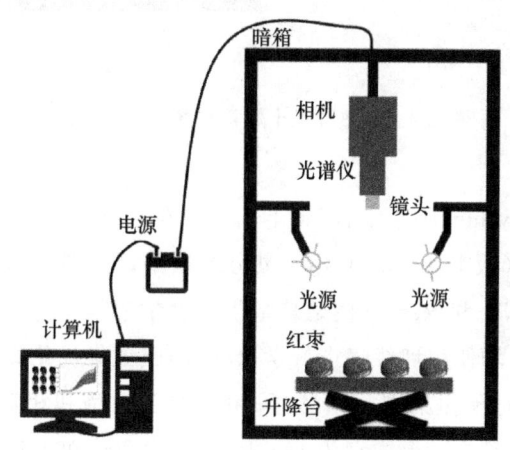

图2-3 高光谱成像系统

该系统成像模块包括表面光学公司(Surface Optics Corporation,SOC)710系列相机。这些相机有内部扫描机制系统,因此它们可以从任何方向或者直接垂直向下扫描,而不需要额外的扫描台。可见/近红外高光谱成像系统(SOC 710VP)的光谱波长范围为376~1 044 nm,光谱分辨率为5 nm,曝光时间为24 ms,波段数为128个,每个波段获取到的图像尺寸大小为520像素×696像素;近红外高光谱成像系统(SOC 710SWIR)的光谱波长范围为915~1 699 nm,光谱分辨率为2.7 nm,曝光时间为34 ms,波段数为288个,每个波段获取到的图像大小为512像素×640像素。数据存储方式为波段数×图像宽度(像素)×图像长度(像素)。其中,SOC系列相机的内部扫描速度会自动与曝光时间匹配。光源照明模块提供光照,本章研究采用卤素灯作为照明模块,每一盏卤素灯的功率为50 W,共采用4盏卤素灯。载物台放置拍摄对象,在拍摄期间通过调节载物台的高度使成像模块可以完全捕获并拍摄整个样本,本章研究中样本与成像设备之间的距离为120 cm。软件处理系统被用于采集高光谱图像。

2. 理化指标测定仪器

测定其他理化指标的仪器包括：可调温度的电热恒温干燥箱，加温幅度可达（常温+5）~300 ℃，加温准确度可达±1 ℃，工作室宽度为500×500×500 mm，如图2-4(a)所示；美国赛默飞世尔科技制造的酶标仪，每次可将96×96规格的酶标板放入该设备进行吸光度测试，如图2-4(b)所示；可调温度的水浴锅，以及常用的电子秤等。

 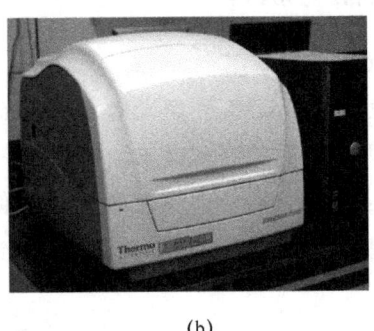

(a)　　　　　　　　　　　　　(b)

图2-4　电热恒温干燥箱和赛默飞酶标仪

3. 软件和环境

数值计算使用了Python脚本语言（版本3.7.6，64位）。LR，SVM和RF基于机器学习库Scikit-Learn实现（版本0.23.1），用于划分数据集，随机状态设置为2023。一维卷积神经网络所搭建的LeNet和ResNe模型是基于深度学习框架Pytorch（版本1.5.0）进行的。所有机器学习算法均使用训练集进行学习，使用验证集优化算法参数。最后，保存最优模型并进行评价，以对预测集进行预测，采用分类正确率和相对分析误差评价模型性能。所有数据分析程序都在一台内存为16 GB、SSD为200.00 GB、CPU为i9-12900H、显示适配器为NVIDIA GeForce RTX 3060 GPU的计算机上实现。

2.3.3　高光谱成像技术检测原理

电磁波的吸收、投射和反射特征是由物质的不同性质决定的，而这些特征会根据进入电磁波的波长而发生变化。近红外光是一类波长介于可见光和中红外光之间的电子磁波，其波段覆盖范围在780~2 500 nm左右。近红外光谱是一类分子吸收光谱，它是由分子振荡的非谐振性形成的，这些振荡可以表现为伸缩和弯曲两种模式。近红外光谱技术的基本原理是：通过测量分子中特定的官能团在特定波段下形成的特异性吸收，从而获得分子的吸收光谱。近红外光谱区可以揭示有机合成分子中C—H、O—H和N—H等含氢基团的振动特性，这些特征可以用来推断有机合成分子的结构和功能，从而为高光谱数据提供有价值的信息。在本章研究中，通过可见/近红外和近红外高光谱成像技术，我们可以准确地检测出不同质量的红枣，因为它们内部化学成分存在显著差异。

2.3.4 光谱数据的获取和预处理

首先,将红枣进行低温贮藏,为了能够更好地观察到在一定贮藏时间内红枣理化性质的变化,我们参考了相关文献并向食品学院和农学院的专家进行调研,将第一个贮藏期与第二个贮藏期的间隔设置为80天,将第二个贮藏期与第三个贮藏期的间隔设置为100天并开展研究。3个时间节点分别为2021年12月25日、2022年3月18日和2022年7月1日,对应于时期1(Period1)、时期2(Period2)和时期3(Period3)。在这3个时期,我们随机取出贮藏样本中的一部分,以获取可见/近红外和近红外光谱图像,3个时期下的可见/近红外光谱如图2-5所示。

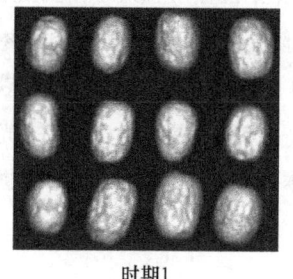
时期1

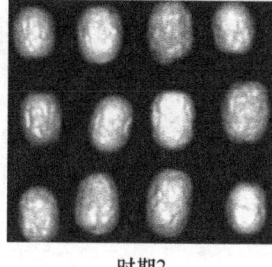
时期2

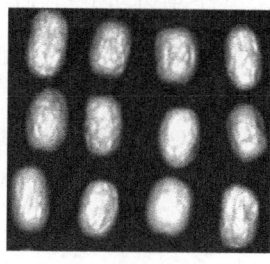
时期3

图2-5　可见/近红外高光谱成像系统拍摄的3个时期下的红枣样本

然后,对于每一个贮藏期样本的获取,我们随机从贮藏期的红枣中挑选158、155、156个干枣样本进行高光谱图像的拍摄。为了增加样本量,并且更加贴近实际生产过程中的检测操作,我们对红枣样本的正面和反面分别进行高光谱图像的拍摄,再通过破坏性采样进行理化性质的测定。其中,为了获取红枣的精确的光谱值,将红枣的随机一面规定为正面,另一面则为反面,分别拍摄正反面并求平均值。经过处理,共得到938个样本,去除一部分光谱异常值外,共得到926个样本光谱值作为本章研究的输入数据并开展研究。首先,我们使用可见/近红外与近红外光谱成像仪拍摄干枣的正反面,获取正反面光谱图像;然后,使用随机抽样的方法进行样本集的划分,根据比例3∶1∶1将3个时期下的所有样本分为训练集、验证集和预测集。3个时期的红枣数据划分和样本的分布如下表2-1所示。

表2-1　红枣数据划分和样本分布

	训练集	验证集	测试集	总数
时期1	182	61	61	304
时期2	184	61	61	306
时期3	189	64	63	316
总数	555	186	185	926

由于多种因素的影响,如暗电流、光源强度分布不均匀及果品形状的多样性等,在弱像元强度的波长范围内采集的图像会出现较大的噪点,这会导致数据处理过程中出现大量的信息缺失。为了去除环境和暗电流造成的噪声,我们首先使用如下公式对高光谱图像进行黑白校正:

$$R = \frac{R_0 - R_D}{R_W - R_D} \tag{2-1}$$

其中,R 表示校正后的反射率图像,R_0 表示获得的原始高光谱图像,R_W 表示反射率约为100%的白色反射率图像,R_D 表示反射率为0%的暗反射率图像。

最后,对于采集的红枣高光谱图像而言,红枣与背景之间的分割是获得准确光谱数据的前提。在本章研究中,我们使用 ENV 5.2(ITT Visual Information Solutions,Boulder,CO,USA)裁剪出每个贮藏期下的红枣高光谱子图像,以去除图像的背景。每个红枣样本都被定义为感兴趣区域(ROI),Vis-NIR 和 NIR 分别在 804 nm 和 1 092 nm 波段处获得高光谱子图像,并通过阈值分割技术进行掩模处理。此外,高光谱子图像 ROI 中的光谱信息由 Matlab R 2018b 提取。ROI 的平均光谱被计算为样本的光谱值,整个光谱数据的提取过程如图 2-6 所示。

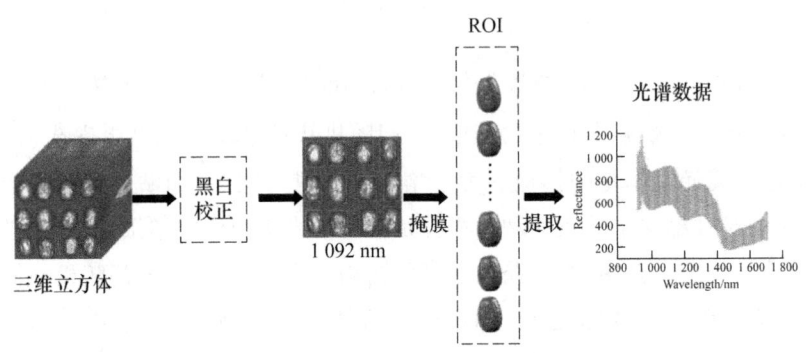

图 2-6　干枣的高光谱图像的光谱数据提取过程

1. 平滑滤波

平滑滤波(SG)处理可以将多个光谱点看作一个窗口,并利用多项式法进行最小二乘法,从而计算出窗口内中心点的各阶倒数和平滑度,获得更准确的结果。通过将窗口最前端的数值与窗口末端相邻的数据进行比较,可以实现整个光谱的移动,从而获得平滑后的光谱。SG 平滑技术在信号处理和图谱处理领域应用十分广泛,其具体的平滑公式如下:

$$x_i^* = \frac{\sum_{j=-r}^{r} x_{i+j} w_j}{\sum_{j=-r}^{r} w_j} \tag{2-2}$$

其中:x_i^*,x_i 分别代表平滑前和平滑后的光谱数据的向量因素;w_j 代表窗口平滑权重因子,在多项式平滑中,w_j 为多项式的拟合系数。此外,窗宽度的不同也会影响到平滑的效果。根据分析要求、样品特征以及仪器参数等因素,本章研究采用3点5次平滑,以保证最佳的分析结果。

2. 标准正态变量

通过标准正态变量(SNV)可以减少由于颗粒散射引起的光谱误差,从而使得样本间的比较更加准确。其计算方法如下:

$$X_{i,\text{snv}} = \frac{X_{i,k} - X_i}{\sqrt{\dfrac{\sum\limits_{k=1}^{m}(X_{i,k} - X_j)^2}{(m-1)}}} \tag{2-3}$$

其中,X 为第 i 个样品光谱的平均值(标量),$k=1,2,\cdots,m$,m 为波长点数,$i=1,2,\cdots,n$,n 为校正集样本数。

2.3.5 理化指标的获取

1. 含水率

本章研究执行干制红枣质量等级标准《LY/T 1780—2018》和《GB/T 5835—2009》(干制小红枣和干制大红枣的含水率分别不超过28%和25%,总糖含量≥60%),红枣的含水率测定方法为直接干燥法。将去核且获取完高光谱图像的干枣放进干燥纸袋进行烘干。具体操作为先用105℃的烘干箱杀青,让红枣内部的有机物失去活性;再将烘干箱温度降低至85℃,烘干红枣至恒重,并称其重量记作烘干后重量,与编号对应记录。烘干箱内红枣样本及烘干过程如图2-7所示。

图 2-7 含水率的测量

烘干前分别称纸袋和红枣的重量,恒重后称纸袋和红枣的整体重量,含水率计算公式为

$$\text{MC} = \frac{m_2 - m_3}{m_2 - m_1} \times 100\% \tag{2-4}$$

其中:MC 为红枣的含水率;m_1 为纸袋的质量,单位为 g;m_2 为纸袋和干燥前样本的质量,单位为 g;m_3 为纸袋和干燥样本的质量,单位为 g。

2. 总酸含量

不同贮藏条件(如温度、相对湿度等)下,红枣中总酸含量的范围不同。总体上,红枣中总酸含量在贮藏期将会在1.0%～13.0%范围内变化。依据该范围,红枣中可滴定酸的浓度可以通过检测来确定。将1.0 g混合均匀的果蔬样品放入研钵中,并用蒸馏水清洗研钵将洗涤液和样品一并转移到100 mL容量瓶中,加入足够的蒸馏水至刻度线,摇匀。等待30 min后,将混合液过滤,取20.0 mL滤液转移到三角瓶中,加入2滴1%酚酞试剂,最后用已经配置好的0.01 mol/L的氢氧化钠水溶液滴定。当滴定液呈粉色,并在0.5 min内不褪色时,如图2-8所示,即可认定达到滴定终点(PH=8.1～8.3)。记录氢氧化钠滴定液的剂量,每个样本重复3次,取平均数。最后,用干馏水替代滤液继续完成滴定,视为空白对照。

图2-8 总酸含量的测量

总酸含量计算公式如下:

$$\mathrm{TA} = \frac{V \times C \times (V_1 - V_0) \times f}{V_s \times m} \times 100\% \tag{2-5}$$

其中,TA代表红枣的总酸含量,V代表试样萃取液的总容积(100 mL),V_s代表滴定量所取滤液的容积(20 mL),C代表氢氧化钠滴定液的化学含量(0.01 mol/L),V_1代表滴定滤液耗费的氢氧化钠溶剂容积(mL),V_0代表滴定蒸馏水耗费的氢氧化钠溶剂容积(mL),m代表试样质量(1.0 g),f代表换算比率(g/mmol)。

3. 总糖含量

根据《GB/T 5835—2009》可知,总糖含量是红枣贮藏期中的主要质量属性,贮藏期红枣的总糖含量在53%到72%之间。红枣中总糖含量太低,红枣会出现"大而不甜"的情况,影响其口感和风味。因此,红枣中总糖含量一直备受人们关注。在本章研究中,为了测定红枣中的总糖含量,我们采用酶标仪法来测定其吸光值。具体原理是:将总糖酸水解为还原糖,然后在存在NaOH和丙三醇的条件下,DNS试剂与还原糖反应生成氨基化合物。该化合物在过量的NaOH碱性溶液中呈现橙红色,在波长为540 nm处有最大吸收峰,从而可以准确测定试样中总糖含量。

本章研究需配置3种试剂,试剂1、试剂2和试剂3。试剂由苏州生物科技生产制造,将配好的试剂放在4 ℃温度条件下保存,其中试剂3避光保存。称取0.1 g样品,加入1 mL试剂1和1.5 mL蒸馏水,搅拌均匀,放入95 ℃水浴中加热30 min;再加入1 mL试剂2,搅拌均匀,用蒸馏水定容至10 mL,接着在8 kg、25 ℃的离心机中离心10 min,取出上清液待测。

首先,酶标仪应预热30 min以上,然后将波段调整至540 nm,并使用干馏水进行调零;然后,将水浴锅调整至95 ℃;最后,在EP管中加入12 μL的样本试液,接着再加入12 mL的蒸馏水。加入试剂3后,首先,混匀,将混合物放入95 ℃的水浴中,保持盖子紧紧地盖住,以防止水分流失;然后,冷却到室温;最后,将200 μL反应液搅拌平衡,将其倒入96孔酶标板中,如图2-9所示,再将样本放置在酶标仪540 nm长度处测量显色度,$\Delta A = A$。设置测定管ΔA为空白管。

总糖含量计算公式如下:

$$TS = [(\Delta A + 0.050\ 7) \div 0.300\ 2 \times V_1] \div (W \times V_1 \div V_2) \times 稀释倍数$$
$$= 33.311 \times (\Delta A + 0.050\ 7) \div W \times 稀释倍数 \tag{2-6}$$

其中:V_1表示加入样本的体积,为0.008 mL;V_2表示加入提取液的体积,为10 mL/3.5 mL;W表示样本的鲜重,单位为g;TS表示总糖含量,单位为mg/g鲜重。

图2-9 总糖含量的测定

2.3.6 评价指标

在高光谱图像分析过程中,所建模型的精确度和稳定性对最终的预测结果非常重要,因此,对模型的可靠性进行数学评估是光谱分析过程中不可或缺的一环。为了确保建模的准确性,一般会通过测量样本来评估;而针对分类鉴别模型,准确率(Accuracy)则是衡量模型特性的重要参数。准确率计算公式如下:

$$Accuracy = \frac{TP}{All} \tag{2-7}$$

其中,TP表示预测结果与真实标签一致的样本数量,All表示所有样本的数量。准确性是评估模型的指标,其值越大,表示模型分类效果越好。

评估建立的红枣含水率、总酸含量和总糖含量预测模型时,常用的技术参数有确定系数 R_2、均方根误差 RMSE 及相对误差分析 RPD。这些技术参数可以帮助我们更准确地预测红枣的含水率、总酸含量和总糖含量。R_C^2 和 RMSEC 用于训练集;R_V^2 和 RMSEV 用于验证集,以提高准确性;R_P^2 和 RMSEP 用于预测集,表示模型的预测能力。

计算决定系数的公式为

$$R^2 = \frac{\sum_{i=1}^{n}(\hat{y}_i - y_i)^2}{\sum_{i=1}^{n}(y_i - y_m)^2} \tag{2-8}$$

其中,n 表示样本总量,$\hat{y}_i$ 表示样本预测值,y_i 表示样本测量值,y_m 表示样本平均值。

计算均方根误差的公式为

$$\text{RMSE} = \sqrt{\frac{\sum_{i=1}^{n}(\hat{y}_i - y_i)^2}{n}} \tag{2-9}$$

其中,n 为样本个数,$\hat{y}_i$ 为样本预测值,y_i 为样本测量值。

计算相对分析误差的公式为

$$\text{RPD} = \frac{1}{\sqrt{1-R_p^2}} \tag{2-10}$$

其中,n 为样本个数,R_P^2 为预测集决定系数。

经过对比验证集和测试集,我们发现,训练集 RMSEC 和验证集 RMSEV 越小,R_C^2 和 R_V^2 越大,证明模型更加稳定,预测准确度也更高;而 RMSEP 越小,R_P^2 越大,证明模型的预测能力更强。然而,即使是训练集精度较高的预测模型,也不一定能够准确预测有机质含量。于是,我们引入 RPD,RPD 表示模型的预测能力,其值越大越好。当 RPD<1.4 时,表明所建模型不正确;而当 RPD>2.0 时,表明所建模式具有较高的可靠性,可以用于分析红枣质量属性。

本节主要阐述了本章中所涉及的红枣样本;光谱检测设备(可见/近红外光谱和近红外光谱成像仪器),测量红枣含水率、总糖含量和总酸含量过程中用到的方法和步骤,以及该过程中用到的烘干箱、酶标仪等仪器。本节还介绍了高光谱图像的获取和光谱数据的提取,以及本章研究所使用的预处理方法、模型评价指标,并对本章研究中所用到的相关软件进行了简要的描述。

2.4 基于高光谱成像技术的红枣储藏期鉴别方法研究

干枣的质量因贮藏时间的不同而有所差异,优质的红枣具有更高的经济价值和营养价值,可以进入高端市场。因此,快速准确地识别不同贮藏期的红枣显得尤为重要。因为在适宜的温度和环境下保存的不同贮藏期的红枣,其颜色、大小都比较相似,很难通过肉眼观察区分,所以我们在对不同贮藏期红枣进行分类时,选择合适的分类策略非常重要。当前大多数红枣的分类研究是针对品种展开的,很少研究是针对不同贮藏期对红枣质量的影响展开的,因此,本节研究具有一定的实际意义。

2.4.1 数据分析方法

在这项研究中,基于改进的 ResNet 来建立红枣质量检测模型。如图 2-10 展示了改进的 ResNet 的结构。在本节研究中,我们选择 Basic Block 作为残差块来构建残差网络。该残差块由一个卷积模块和两个中间卷积层组成。对于改进的残差神经网络,第一层卷积层的输出通道为 64,卷积核大小为 1×3,步长和填充为 1,添加 BN 和 ReLU。网络中间 3 个残差块的通道分别为 64、128 和 256,卷积核的大小设置为 1×3,步长和填充均为 1,添加核参数为 1 的平均池化层后,再添加线性层,得到输出。在本节研究中,对于 LeNet 和 ResNet,我们将参数学习率设置为 0.0001,batch_size 设置为 16,epoch 设置为 300。

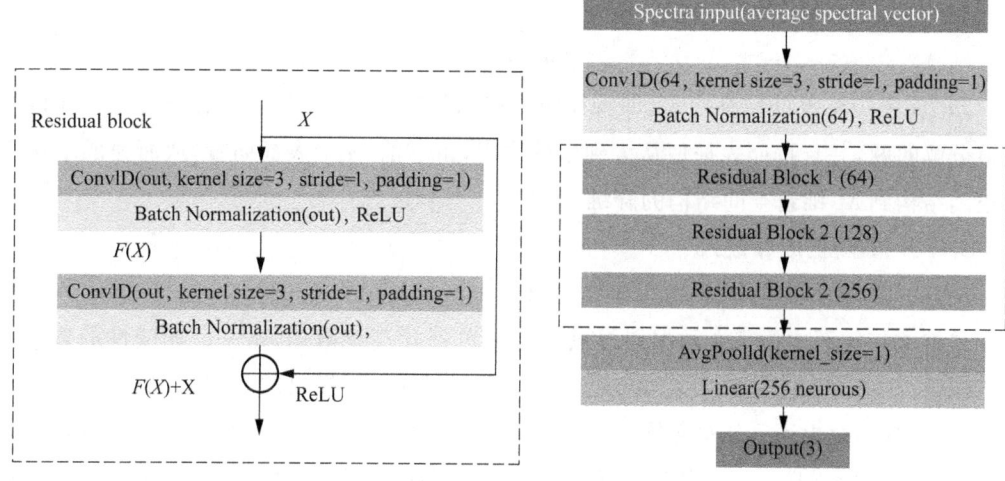

图 2-10 残差块和残差神经网络结构

2.4.2 特征波长选择

1. 主成分分析

主成分分析(Principal Component Analysis,PCA)是一个广泛应用的统计分析方式,它可以有效地降低数据维度,从而提高数据处理的效率。它通过保留数据中最重要的特征,去除噪声和不重要的特征,实现对数据的有效分析和处理。降维技术在实际的生产和应用中发挥着重要作用,它能够有效地减少数据信息损失,从而节约巨大的工作时间和生产成本。因此,它已经成为一个广泛应用的数据预处理方式。一组彼此相关的变量可以通过正交变换变换为不相关和独立的变量。主要目的是减少变量的数量,即降维。这是一种线性降维方法。转换后的变量被称为主成分(Principal Component,PC),PC解释了变量的大部分信息。如果要尽可能清晰地描述给定信息,即使它们更易于区分且更容易将它们进行分类研究,那么最佳方法为选择与数据方法差最大的那条直线,从而最大化数据的差异性,使用最大方差推导PCA的步骤如下:

定义原始数据的中心点:

$$\bar{X} = \frac{1}{N}\sum_{n=1}^{N} X_n \tag{2-11}$$

定义投影向量 u_1,一般地,可以令每个数据 X_n 投影之后的值为投影之后的方差,可表示为

$$\frac{1}{N}\sum_{n=1}^{N}(\boldsymbol{u}_1^\mathrm{T} X_n - \boldsymbol{u}_1^\mathrm{T} X) = \boldsymbol{u}_1^\mathrm{T} \boldsymbol{S} \boldsymbol{u}_1 \tag{2-12}$$

其中,S 是数据的协方差矩阵。为了优化 $\boldsymbol{u}_1^\mathrm{T} \boldsymbol{S} \boldsymbol{u}_1$ 的投影方差,我们应该采用微积分中常见的拉格朗日乘子法,将标量 λ_1 转换为求解式(2-13)的极值。

$$\boldsymbol{u}_1^\mathrm{T} \boldsymbol{S} \boldsymbol{u}_1 + \lambda_1(1 - \boldsymbol{u}_1^\mathrm{T} \boldsymbol{u}_1) \tag{2-13}$$

对式(2-13)求导取零,可得:

$$\boldsymbol{S}\boldsymbol{u}_1 = \lambda_1 \boldsymbol{u}_1 \tag{2-14}$$

其中,u_1 代表矩阵 S 的特征向量,即特征向量即为投影向量。因此,问题被转换为矩阵特征值分解问题,并且按照表征值从大到小的次序,留下前 M 个表征向量,从而完成了从 N 维空间结构到 M 维新空间结构的降维。

2. t分布-随机近邻嵌入

t分布-随机近邻嵌入(T-Distributed Stochastic Neighbor Embedding,t-SNE)用于通过在二维或三维图中为每个数据点提供位置来可视化高维数据,是一种非线性的数据降维方法。t-SNE最初是由Sam Roweis和Geoffrey Hinton提出的SNE,Laurens van der Maaten在其中提出了t分布变体。对于SNE,用条件概率 $p_{j|i}$ 表示高维空间邻近数据点 x_i 与 x_j 之间的相似度(两点邻近的条件概率),$q_{j|i}$ 表示低维空间数据点 y_i 与 y_j 邻近的条件概率分布,条件概率 $p_{j|i}$ 符合高斯概率分布,$P_{j|i}$ 如式(2-15)所示。

$$p_{j|i} = \frac{\exp(-\|x_i - x_j\|^2/2\sigma_i^2)}{\sum_{k\neq i}\exp(-\|x_i - x_k\|^2/2\sigma_i^2)} \tag{2-15}$$

其中,$\|x_i - x_j\|^2$ 表示邻近点 x_i 和 x_j 距离的平方,σ_i 是以数据点 x_i 为中心的高斯函数的方差,σ 的值可由每个点的 k 近邻值计算得到,k 取有效的最邻近点的数量。

若要得到低维空间的最佳模拟点,需将 $p_{j|i}$ 与 $q_{j|i}$ 的KL距离之和最小化,可用代价函数 C 表示,如式(2-16)所示。

$$C = \mathrm{KL}(P\|Q) = \sum_i\sum_j p_{j|i}\log\frac{p_{j|i}}{q_{j|i}} \tag{2-16}$$

其中，P 与 Q 分别为高维空间和低维空间中形成的条件概率分布，C 值越小说明高维低维分布越一致，低维空间数据点 y_i 由梯度下降法得出最小值，可用二维或三维坐标形式输出。

t-SNE 算法将高维空间数据点之间的条件概率改进为与低维空间模拟数据点的联合概率。同时通过在高维空间采用高斯概率分布，映射后低维空间采用自由度为 1 的 t 分布函数度量两点之间的相似度。p_{ij} 与 q_{ij} 分别表示高维空间数据点 x_i 和 x_j 与低维空间数据点 y_i 和 y_j 之间的联合概率，如式(2-17)和(2-18)所示。

$$p_{ij} = (p_{i|j} + p_{j|i})/2n \tag{2-17}$$

$$q_{ij} = \frac{\exp(-\|y_i - y_j\|^2)}{\sum_{k \neq l} \exp(-\|y_k - y_l\|^2)} \tag{2-18}$$

其中，q_{ij} 可以用来表示嵌入空间上两个点的相似度，目的是为小范围成对的相似点能够更精准地建模提供更大的空间，同时也很好地解决了拥挤问题。

此时新的代价函数 C 与联合概率分布 P 与 Q，即高维与低维之间的 KL 距离等价，如式(2-19)所示。

$$C = \mathrm{KL}(P\|Q) = \sum_i \sum_j p_{ij} \log \frac{p_{ij}}{q_{ij}} \tag{2-19}$$

t-SNE 算法实现维数约减与数据可视化的原因是其能够从高维数据中恢复低维流形结构的特性，并得到与其相应的嵌入映射。

数据降维即聚类的性能度量非量化指标，可以通过比较数据可视化结果的方式来衡量：在低维空间中，参照标注属同类的样本点要求距离邻近；反之，则要求尽量彼此远离。

3. 连续投影算法

连续投影算法(Successive Projections Algorithm, SPA)是一种基于向量投影分析的前向特征变量选择方法。SPA 将样本光谱数据投影到其他波长上，比较投影向量大小，选取投影向量最大的波长作为候选变量，然后使用校正模型进行特征波长的选择。经过 SPA 选择特定的变量组合后，这些变量总是会有最少的冗余信息和共线性，因此，模型的稳定性和预测能力将会被提高。简单来说，SPA 的步骤为给定初始迭代向量，选择要提取的变量数量 N 和光谱矩阵的列数 j，将样本光谱数据投影到其他波长上，选取投影向量最大的波长作为候选变量，使用校正模型进行特征波长的选择。

① 任选光谱矩阵的 1 列(第 j 列)，把建模集的第 j 列赋值给 x_j，记为 $x_k(0)$。

② 将未选入的列向量位置的集合记为 s，

$$s = \{j, 1 \leqslant j \leqslant J, \notin \{k(0), \cdots, k(n-1)\}\} \tag{2-20}$$

③ 分别计算 x_j 对剩余列向量的投影，

$$P_{xj} = x_j - (x_j^T x_{k(n-1)}) x_{k(n-1)} (x_j^T x_{k(n-1)})^{-1}, j \notin s \tag{2-21}$$

④ 提取最大投影向量的光谱波长，

$$k(n)=\arg\{\max(|P_{(xj)}|,j\in s\} \quad (2\text{-}22)$$

⑤ 令 $x_j=p_x,j\in s$。

⑥ $n=n+1$，如果 $n<N$，则按式(2-22)循环计算。

最后，提取出的变量为 $\{x_{k(n)}=0,\cdots,N-1\}$。对应每一次循环中的 $k(0)$ 和 N，分别建立多元线性回归(MLR)分析模型，得到建模集交叉验证均方根误差(RMSECV)，对应不同的候选子集，其中最小的 RMSECV 值对应的 $k(0)$ 和 N 就是最优值。一般 SPA 选择的特征波长分数 N 不能很大。

2.4.3 结果与分析

1. 样本光谱分析

从 Vis-NIR 和 NIR 高光谱图像中提取出 376～1 073 nm 和 915～1 699 nm 范围内 3 个贮藏期的红枣光谱数据。显然地，光谱曲线的开始和结束显示出明显的噪声，去掉首尾两端的明显噪声，保留中间波段，并经过归一化操作后，Vis-NIR 和 NIR 光谱范围内的干枣的平均光谱和相应的标准偏差如图 2-11(a)和图 2-11(b)所示。对于 Vis-NIR 光谱图像，去除两端明显噪声后，保留 381～1 016 nm，共保留 123 个波段。对于 NIR，将两端明显噪声去掉，最后保留 959～1 684 nm，共保留 267 个波段。如图 2-11(a)所示，3 条平均光谱曲线的趋势基本相似，但在整个波长范围内存在一定的差异。波峰和波谷位于某些相同的位置，各波长上的光谱值的标准差没有明显的重叠(在 860～905 nm 左右)，这可能与不同贮藏期下红枣的 Vis-NIR 和 NIR 区域的光谱反射率不同相关。不同贮藏期下红枣的光谱范围也显示出一些差异。在 370～870 nm 左右，误差棒几乎在整个频带上重叠，在 720～1 000 nm 左右，时期 1 带误差棒的图像能够与时期 2 和时期 3 区分开。然而，在图 2-11(b)中，误差棒几乎在整个光谱中重叠，平均光谱曲线在 1 300～1 700 nm 处都是相交且重叠的。因此，通过 Vis-NIR 和 NIR 都无法直接、清楚地区分不同贮藏期下的红枣，故我们使用经典的模型根据光谱差异来进一步识别来自不同贮藏期的红枣样本。

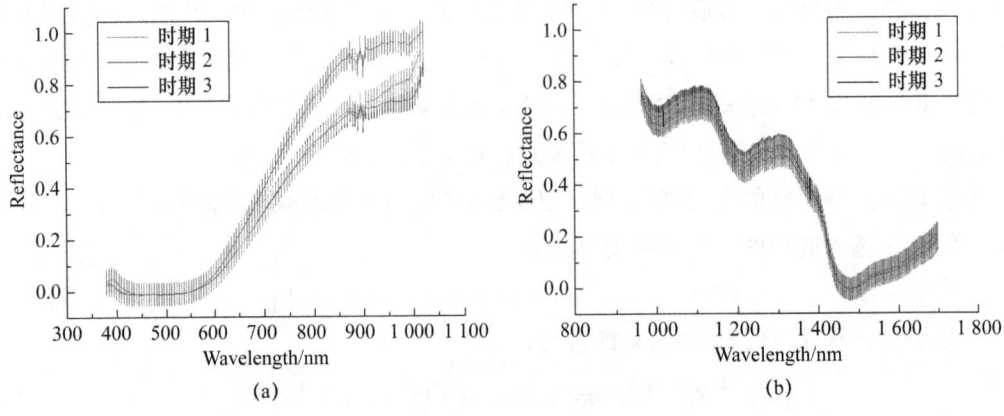

图 2-11 3 个贮藏期下的干枣 Vis-NIR 和 NIR 平均光谱曲线

光谱曲线不仅包括样本的物化数据,还包括噪声、背景色和暗电流等因素。黑白校准只能抵消这些因素对实验结果的负面影响,但是样本的背景色和杂散光也会对实验结果造成相应的负面影响。旨在进一步提高化学计量学建模的精确度,我们对原始图像进行了感兴趣区域的提取,并获得了平均光谱。旨在降低背景噪声干扰,提高信噪比,我们对原有光谱曲线采用了三项式五点卷积平滑处理,再使用标准正态变量进行降噪处理,以达到更好的模拟效果。

2. PCA 分析

PCA 通过正交变换将一组可能存在相关性的变量转换为一组线性不相关的变量,从而获得更准确的结果。这种分析方法可以帮助我们更好地理解数据之间的关系,并且能够更有效地预测未来的趋势。本节研究旨在深入探究不同贮藏期干枣的显著差异,并对其进行分类。因此,我们采用 PCA 分析方法,对光谱数据进行详细分析。二维 PCA 得分分析展示了每个 PC 的样本分布。

Vis-NIR 光谱分析了 3 个贮藏期下的前 3 种 PC,其贡献分别为 72.9%、12.9% 和 5.1%;NIR 光谱分析了 3 个贮藏期下的前 3 种 PC,其贡献分别为 80.4%、8.6% 和 4.4%。它们的累计贡献率分别是 90.9% 和 93.4%,总体累计贡献率大于 90%,这能够解释干枣的大部分样本和变量信息。同时,各贮藏期的 PCA 聚类严重,存在严重重叠,这意味着我们无法区分 3 个不同贮藏期下的红枣。

PCA 的分析结果比较说明了在可见/近红外光谱范围内识别 3 个不同贮藏期下干枣的可行性。总的来说,PCA 可视化了样本分布并提供了分类的可行性,但要直接区分 3 个不同贮藏期下的红枣并不容易。因此,有必要寻找其他多元分析方法进一步研究。

3. t-SNE 分析

t-SNE 作为一种非线性的流形降维方法,能够很好地可视化高位数据。在本节研究中,我们对 3 个贮藏期下的干枣样本的光谱数据进行 t-SNE 分析,分别将 Vis-NIR 和 NIR 光谱数据降至三维,降维后进行数据投影。

对于红枣 3 个贮藏期下的 Vis-NIR,总体来说,时期 1、时期 2 和时期 3 都聚簇得比较好,能够清晰地分辨出红枣的 3 个不同的贮藏期。相较于 Vis-NIR,NIR 的聚簇效果比较差,难以清晰地区分红枣的贮藏期。因此,我们需要更进一步的方法对贮藏期红枣分类进行研究。

4. 基于全波段建模

基于 Vis-NIR 和 NIR 光谱数据,通过建立机器学习算法 SVM、LR、RF 和深度学习算法 LeNet 和 ResNet 鉴别红枣的不同贮藏期。其分类准确率如表 2-2 所示,整体上,机器学习和深度学习模型都表现出非常好的分类效果,平均准确率均大于 90%。

基于 Vis-NIR 光谱数据建立的模型结果表明,其总体分类准确率大于 96.21%。其中:表现最好的模型是 ResNet,其预测集准确率达到 99.86%,其他模型的预测集准确率表现接近且预测结果均较好,准确率范围为 96.21%~99.86%。基于 NIR 光谱数据建立的分类模型的总体分类准确率大于 93.53%。其中:表现最好的模型是 LeNet,其预测集分类准确率达到 96.67%;其次是 LR 和 ResNet,其预测集分类准确率均为 96.51%;SVM 的分类准确率为 95.54%。相对较差的是 RF,其预测集分类准确率为 93.53%,但是也基本能够满足红枣贮藏期分类的需求。

总体上,基于 Vis-NIR 光谱数据建立的分类模型表现略优于基于 NIR 光谱数据建立的分类模型的预测结果,但是总体上表现比较好,预测集分类准确率大于 93.53%。此外,深度学习的预测模型略优于传统机器学习模型,其分类最高准确率分别为 99.86% 和 96.67%,但总体对不同贮藏期下的红枣分类都表现出比较好的结果。研究表明使用 Vis-NIR 和 NIR 光谱成像技术结合机器学习可以有效地对不同贮藏期下的红枣进行有效的分类鉴别。

表 2-2 基于全波长对不同贮藏期红枣的分类结果

种类	模型	训练集/%	验证集/%	测试集/%
Vis-NIR	LR	98.69	96.51	96.21
	RF	100.00	98.11	98.81
	SVM	99.91	99.41	99.61
	LeNet	99.96	99.51	98.51
	ResNet	100.00	99.89	99.86
NIR	LR	100.00	96.60	96.51
	RF	100.00	95.23	93.53
	SVM	99.83	97.50	95.54
	LeNet	100.00	99.88	96.67
	ResNet	100.00	96.90	96.51

5. 基于特征波段建模

(1) 基于 PCA 提取特征波长

根据表 2-3 可知,使用全波段对红枣贮藏期建模虽然效果很好,但是全波段数据高度冗余。为了加快训练速度并得到有效的分类结果,我们基于 PCA 分析,提取前 3 个主成分,然后使用 SVM、RF、SVM、LeNet 和 ResNet 建立红枣贮藏期分类鉴别模型,结果如表 2-3 所示。

表 2-3　基于 Vis-NIR 和 NIR 使用 PCA 降维对不同贮藏期红枣的分类结果

种类	模型	训练集/%	验证集/%	测试集/%
Vis-NIR	LR	97.30	97.85	96.22
	RF	99.10	96.24	95.68
	SVM	97.48	98.39	98.38
	LeNet	98.02	98.39	97.30
	ResNet	98.20	98.39	95.68
NIR	LR	70.45	68.82	67.57
	RF	82.70	67.74	68.65
	SVM	82.52	69.89	65.41
	LeNet	76.76	72.58	70.81
	ResNet	78.20	74.73	71.35

根据表 2-4 的分类结果可知，总体上基于 Vis-NIR 数据建立的分类鉴别模型得到了较好的分类结果，所有模型预测集准确率均大于 98.38%。其中：表现最好的模型是 SVM，其准确率达到 98.38%；其次是 LeNet 和 LR，其准确率为 97.30% 和 96.22%，预测结果比较接近；RF 和 ResNet 的预测集分类准确率均为 95.68%。对于 NIR，总体分类模型的表现结果比 Vis-NIR 差，5 种分类模型的预测集分类准确率范围为 65.41%～71.35%。其中：表现最好的为 ResNet，其分类准确率为 71.35%；表现最差的为 SVM，其分类准确率为 65.41%。结果表明，基于 Vis-NIR 使用 PCA 提取前 3 个主成分建立分类模型能够有效预测红枣贮藏期鉴别，但基于 NIR 建立的分类模型结果相较于 Vis-NIR 表现更差。但是总体上，本节研究表明利用高光谱成像技术能够有效鉴别不同贮藏期下的红枣，为红枣的无损检测提供有力支撑。

(2) 基于 t-SNE 提取特征波长

基于 t-SNE 分析，我们使用 t-SNE 将光谱数据降至三维，并将其作为光谱数据的特征值，以不同贮藏期为预测标签，基于 Vis-NIR 和 NIR 光谱数据，使用 SVM、LR、RF、LeNet 和 ResNet 建立不同贮藏期的分类模型，结果如表 2-4 所示。

对于 Vis-NIR，模型整体表现比较好。其中：分类结果最好的是 ResNet，其预测集准确率为 99.98%；表现最差的模型为 LR，其预测集准确率为 96.76%。总体分类效果较好，RF、SVM、LeNet 和 ResNet 的分类准确率均大于 99.00%。

对于 NIR，模型表现结果相较于 Vis-NIR 较差。其中：表现最好的模型为 ResNet，预测集分类准确率为 81.68%；其次分别是 RF、LeNet 和 SVM，其分类准确率分别为 80.05%、78.97% 和 71.27%；表现最差的模型为 LR，其分类准确率为 63.24%。RF 和 ResNet 的训练集分类准确率大于 90.39%，但是测试集表现出一定的过拟合，其测试集分类准确率分别仅为 80.05% 和 81.68%。总体上，基于 t-SNE 降维提取的特征方法使用

Vis-NIR 光谱数据建立红枣的不同贮藏期分类模型得到了较好的效果,尤其是深度学习模型的效果,其略优于传统机器学习模型。但基于 NIR 使用 t-SNE 降维提取特征后建立分类模型的鉴别效果较差。但是整体上,基于高光谱成像技术满足红枣分类鉴别的需求。

表 2-4 基于 Vis-NIR 和 NIR 使用 t-SNE 降维对不同贮藏期红枣的分类结果

种类	模型	训练集/%	验证集/%	测试集/%
Vis-NIR	LR	97.48	98.39	96.76
	RF	99.97	99.78	99.46
	SVM	99.99	99.98	99.00
	LeNet	99.28	99.99	99.98
	ResNet	99.99	99.99	99.98
NIR	LR	66.67	63.98	63.24
	RF	98.02	84.73	80.05
	SVM	77.66	77.96	71.27
	LeNet	88.38	83.66	78.97
	ResNet	90.39	82.49	81.68

(3) 基于 SPA 提取特征波长

为了提高数据质量,我们构建了一个低维数据模式,用于消除冗余信息并获取样本有效信息,为在线检测提供了基础。首先,我们使用 Vis-NIR 技术对 123 个波段的原始光谱进行了 SPA 分析。当 RMSE 取最小值时,我们选择对应的主成分个数,并提取特征变量。其中,主成分的最小值为 5,最大值为 20。提取过程如图 2-12 所示,当 RMSE 取最小值

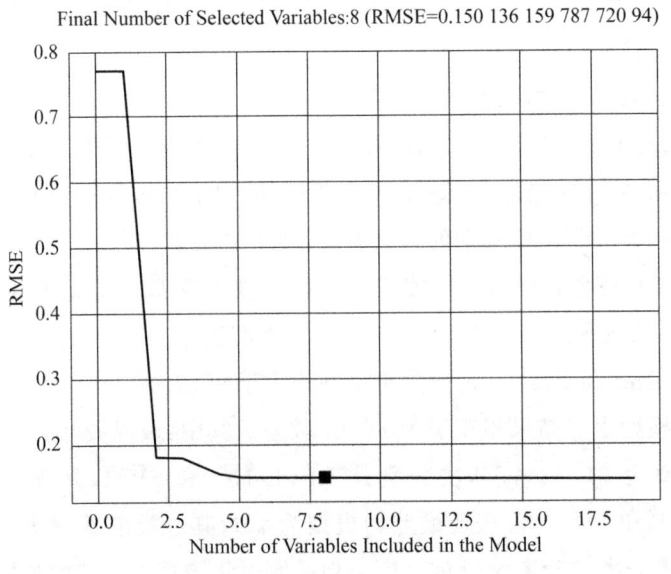

图 2-12 基于 Vis-NIR 使用 SPA 进行波长提取时 RMSE 值随特征变量个数变化图

时候,即 RMSE 为 0.150 1 时,提取主成分数量为 8。提取的具体特征波长如图 2-13 所示,分别为 390.981 201 nm、677.155 823 nm、713.923 096 nm、847.040 771 nm、917.377 197 nm、944.632 813 nm、955.566 711 nm、966.518 616 nm。

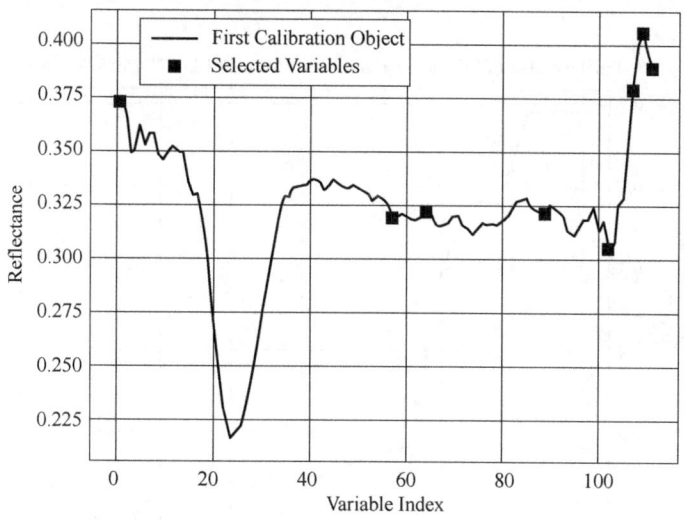

图 2-13　基于 Vis-NIR 对红枣样本进行 SPA 特征波长提取

使用 SPA 分析对 Vis-NIR 数据进行波长提取,并建立分类预鉴别模型,结果如表 2-5 所示。根据结果可知,总体上所有模型的分类准确率均大于 91.89%,表现出比较好的性能。其中:最好的模型是 ResNet,其测试集准确率达到 98.98%;其次是 LeNet 和 SVM,其测试集准确率分别为 98.67% 和 98.32%。RF 的训练集准确率达到 100%,但是验证集和测试集准确率分别为 95.70% 和 91.89%,相对其他模型略差。总体而言,相较于传统的机器学习,深度学习表现出一定的稳定性,但整体分类结果表现比较好。因此,结果表明,基于机器学习利用 Vis-NIR 数据能够实现不同贮藏期红枣的分类鉴别。

表 2-5　基于 Vis-NIR 和 SPA 选择有效波长的不同贮藏期红枣的分类结果

模型	训练集/%	验证集/%	测试集/%
LR	100.00	96.90	96.50
RF	100.00	95.70	91.89
SVM	99.98	99.51	98.32
LeNet	97.06	95.60	98.67
ResNet	99.53	98.60	98.98

使用 SPA 分析对 NIR 光谱数据在 959～1 648 nm 上的 267 个波段内进行特征波长提取,提取过程如图 2-14 和图 2-15 所示。当 RMSE 取最小值 0.195 0 时,筛选出 16 个特征波长,分别为 931.873 779 nm、942.768 005 nm、1 040.843 506 nm、1 059.919 3 12 nm、

1 261.692 871 nm、1 264.421 021 nm、1 308.075 684 nm、1 373.575 806 nm、1 384.494 629 nm、1 433.636 841 nm、1 458.212 524 nm、1 504.641 602 nm、1 643.994 995 nm、1 674.064 453 nm、1 627.595 215 nm、1 690.467 896 nm。这些特征波长的提取为 NIR 光谱数据的分析提供了重要的参考依据。

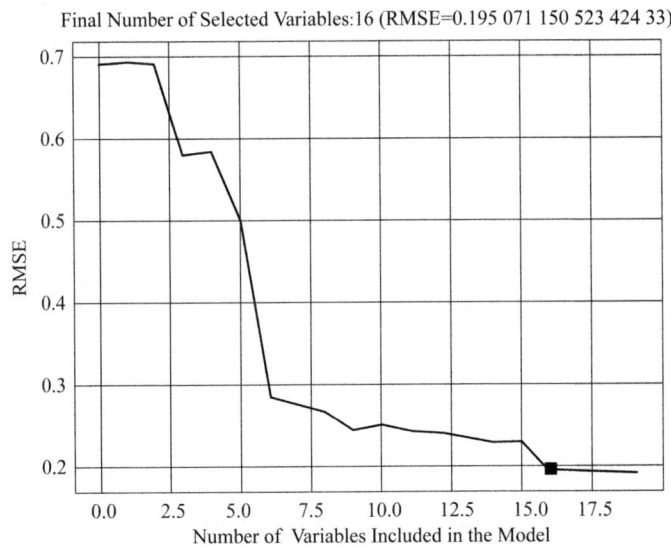

图 2-14 使用 SPA 对 NIR 光谱数据进行波长提取时 RMSE 值随特征变量个数变化图

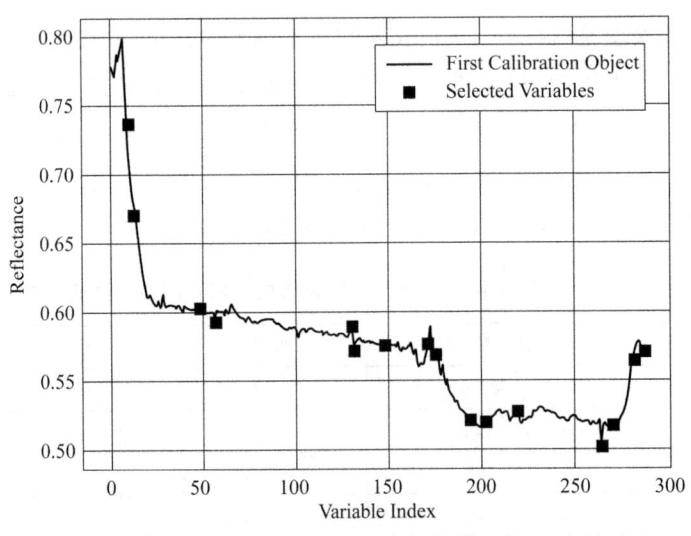

图 2-15 基于 NIR 对红枣样本进行 SPA 特征波长提取

通过 SPA 分析对 NIR 进行特征波段提取，使用特征波段基于 3 种机器学习方法 LR、RF、SVM 和两种深度学习方法 LeNet 和 ResNet 建立红枣贮藏期分类模型，其分类结果如表 2-6 所示。整体模型结果表明，使用 SPA 提取的特征波段时，基于 NIR 建立的分类模型表现出比较好的分类性能,平均准确率大于90%。表现最差的模型是RF,其分类准确率为80.00%;表现最好的模型是ResNet,分类准确率达到99.50%;其次是LeNet、SVM和LR,准确率分别达到98.91%、98.49%和94.53%。总体结果表明,基于NIR使用SPA进行特征波长提取后建立的红枣贮藏期鉴别有着比较好的效果,但是整体分类结果略差于基于Vis-NIR建立的模型,但是所有模型结果均表明其能够满足红枣贮藏期鉴别的需求。

表 2-6 基于 NIR 和 SPA 选择有效波长的不同贮藏期红枣的分类结果

模型	训练集/%	验证集/%	测试集/%
LR	96.32	94.51	94.53
RF	98.74	75.81	80.00
SVM	99.99	98.39	98.49
LeNet	98.38	97.56	98.91
ResNet	99.70	99.60	99.50

本节主要是基于全波段和特征波段使用传统机器学习方法 SVM、RF、LR 和深度学习方法 LeNet 和 ResNet 针对3个不同贮藏期下的红枣进行分类鉴别;再基于 PCA、t-SNE 和 SPA 进行特征提取并建立分类模型。通过研究我们发现:Vis-NIR 有着比 NIR 更好的分类结果;基于 SPA 特征提取的分类模型结果比其余两者更好,其中 t-SNE 降维后建立的模型的预测效果比 PCA 更好;传统机器学习和深度学习有比较好的结果,但是深度学习分类鉴别模型更具稳定性和鲁棒性。研究表明,利用高光谱成像技术结合机器学习能够实现对不同贮藏期下的红枣进行分类鉴别。

2.5 基于高光谱成像技术的红枣质量无损检测方法研究

红枣的质量包括大小、颜色、果实形状、表面褶皱等外在因素和含水率、总糖含量、总酸含量等内在因素。红枣的贮藏期对其质量有着重要影响,然而,目前的红枣质量检测方法已经不能满足高产量和大规模工厂的需求。因此,有必要研发一种能够快速、准确地预测红枣质量的方法。果实内部各组分之间存在着密切的联系,根据单个品质指标建立的模型受到其他组分的影响,而这些组分的特征波长也不尽相同,故仅仅依靠单个品质指标来设计的检测系统很难广泛应用于其他品质指标的测试,从而影响了检测系统的有效性。因此,同步检测多个品质指标是一项重要的研究课题。同时,研究表明,红枣内部的含水率、总糖含量和总酸含量在化学成分上有所不同。考虑不同贮藏期对红枣质量的影响,故我们对单个贮藏期下的红枣内部质量属性进行研究,同时也将对3个贮藏期的内部质量属性进行研究。通过对比不同的处理方法、模型方法、光谱范围,选择最优的处理方法来有效地评估干枣贮藏期下的质量。

2.5.1 干枣理化值处理

手动测量理化值会带来一定的误差,蒙特卡洛方法可以同时考虑光谱值和理化值,从而去除样本的异常值。在本节研究中,我们将3个贮藏期下的光谱值和理化值输入算法,生成图像,如图2-16所示。

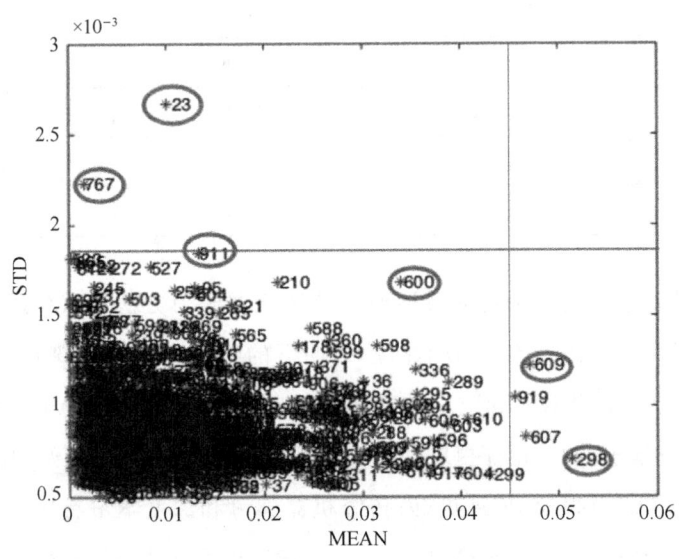

图 2-16　基于光谱-水分的蒙特卡洛异常值剔除

按照异常值分布情况,根据预测误差标准差和预测误差均值去除异常值。根据图2-16我们可知,波动值比较大的样本编号有3个,分别为767,23,298,直接剔除;边界值的样本编号为911,600,609,919,607,逐渐剔除。剔除911,600,609号样本后,建模R_C^2值由0.590 9上升到0.923 4,说明这3个样本是异常值,应当剔除;剔除919,607号样本后建模R_C^2值由1.347 4下降到0.678 6,说明这两个样本不是异常值。最后,共剔除了6个异常值,样本编号分别为767,23,298,911,600,609。针对光谱值和化学值剔除异常值后,针对每个时期中样本的划分,我们根据含量梯度法,分别将用于建立含水率、总糖含量和总酸含量的预测模型的样本以3∶1∶1的比例进行训练集、验证集和预测集的划分。训练集、验证集和测试集的理化值含量均达到了范围内的水平,且平均值和标准差也相当接近,这表明样本的划分是十分合理的。

2.5.2 结果与分析

1. 基于 Vis-NIR 的单个贮藏期理化值预测分析

(1) 基于含水率的预测与分析

利用传统的机器学习算法 PLSR、RF、SVM 和经典的深度学习算法 LeNet 和 ResNet 对 3 个贮藏期下的红枣进行建立模型。其中,以一维光谱数据作为模型的特征值输入模型,以含水率为真实标签建立含水率预测模型,预测模型的表现结果如表 2-7 所示。从整体上看,基于 Vis-NIR 对红枣水分的预测表现出较好的效果,预测集 R_P^2 大于 0.693 9,RPD 的范围为 1.401 2~3.056 7,能够基本达到预测的需求。对于时期 1,表现最好的模型是 PLSR,预测集 R_P^2 为 0.832 5,RMSEP 为 1.265 6,对应的 RPD 为 2.809 8;对于时期 2 和时期 3,表现最好的模型是 ResNet,时期 2 的 R_P^2、RMSEP 和 RPD 分别为 0.832 3、1.235 6、2.814 3,时期 3 的 R_P^2、RMSEP 和 RPD 分别为 0.858 8、1.456 3、3.056 7。综合而言,ResNet 表现出的预测效果略优于其他模型,3 个时期下的含水率的预测效果基本一致。

表 2-7 基于 Vis-NIR 对红枣单个贮藏期下的含水率建模

时期	模型	训练集		验证集		预测集		RPD
		R_C^2	RMSEC	R_V^2	RMSEV	R_P^2	RMSEP	
时期 1	PLSR	0.864 6	1.273 4	0.834 6	1.161 2	0.832 5	1.265 6	2.809 8
	RF	0.869 3	1.270 1	0.744 9	1.162 3	0.735 2	2.263 5	1.809 9
	SVR	0.740 0	1.462 3	0.734 0	6.612 3	0.724 5	4.566 5	1.724 4
	CNN	0.871 3	1.256 6	0.805 6	5.126 8	0.790 1	3.434 6	1.772 3
	ResNet	0.860 5	1.276 3	0.863 1	3.623 0	0.760 0	1.489 9	1.762 3
时期 2	PLSR	0.803 4	1.403 4	0.762 3	4.846 2	0.778 9	1.503 4	1.785 3
	RF	0.870 3	0.934 6	0.706 2	6.623 7	0.693 9	2.490 7	1.401 2
	SVR	0.750 0	1.757 6	0.742 1	2.623 6	0.724 5	1.657 8	1.724 3
	CNN	0.864 5	1.045 6	0.841 2	3.892 7	0.783 4	1.445 6	1.773 4
	ResNet	0.850 5	1.035 6	0.831 6	3.626 7	0.832 3	1.235 6	2.814 3
时期 3	PLSR	0.745 3	1.273 4	0.736 4	5.623 7	0.732 5	1.473 4	1.814 5
	RF	0.749 3	1.270 1	0.691 3	3.459 6	0.734 7	3.470 1	1.923 2
	SVR	0.740 0	1.462 3	0.719 5	2.216 2	0.714 9	2.052 3	1.932 5
	CNN	0.907 3	1.256 6	0.834 6	4.492 3	0.755 0	1.466 6	2.213 4
	ResNet	0.885 9	1.276 3	0.861 6	1.823 7	0.858 8	1.456 3	3.056 7

(2) 基于总酸含量的预测与分析

同样地,以单个时期的总酸含量为预测值,使用 PLSR、RF、SVR、LeNet 和 ResNet 方法对3个单个贮藏期下的红枣总酸进行建模,结果如表2-8所示。从整体上看,基于Vis-NIR对红枣总酸含量进行预测的预测效果不如对含水率进行预测的预测效果,预测集R_P^2大于0.535 2,RPD的范围为1.307 8~2.773 4。3个时期中,整体表现最好的是时期3,R_P^2平均值为0.759 22。时期1和时期2中,表现最好的分别为深度学习模型ResNe和LeNet,R_P^2、RMSEP和RPD的值分别0.720 0、2.546 7、1.868 8和0.705 4、1.457 7、2.773 4。时期3中,表现最好的模型是PLSR、R_P^2、RMSEP和RPD的值分别0.746 9、1.457 7、2.614 5。总体结果表明,利用Vis-NIR与机器学习算法能够有效地预测贮藏期下红枣的总酸含量。

表2-8 基于Vis-NIR对红枣单个贮藏期下的总酸含量建模

时期	模型	训练集		验证集		预测集		RPD
		R_C^2	RMSEC	R_V^2	RMSEV	R_P^2	RMSEP	
时期1	PLSR	0.694 6	1.763 4	0.682 6	1.628 9	0.662 5	1.967 7	1.405 6
	RF	0.649 3	1.780 1	0.604 9	1.568 8	0.535 2	3.890 0	1.307 8
	SVR	0.640 0	1.757 8	0.623 4	1.592 3	0.634 5	3.878 9	1.467 4
	LeNet	0.781 3	1.046 7	0.706 2	2.467 5	0.740 1	2.546 7	1.757 4
	ResNet	0.730 5	1.176 7	0.721 6	2.846 3	0.720 0	2.546 7	1.868 8
时期2	PLSR	0.738 7	1.403 4	0.692 3	2.467 2	0.654 5	1.457 7	1.785 3
	RF	0.756 5	0.934 6	0.694 6	4.462 7	0.641 6	1.857 7	1.773 2
	SVR	0.759 5	1.757 8	0.701 3	3.946 2	0.705 2	1.453 2	1.724 3
	LeNet	0.805 9	1.045 6	0.751 3	1.492 3	0.705 4	1.457 7	2.773 4
	ResNet	0.682 3	1.435 6	0.652 1	2.548 0	0.634 9	1.495 6	1.714 3
时期3	PLSR	0.794 6	1.273 4	0.742 6	2.492 7	0.746 9	1.457 7	2.614 5
	RF	0.678 6	1.270 1	0.601 2	0.932 8	0.654 6	2.575 0	1.687 8
	SVR	0.705 5	1.462 3	0.751 6	1.146 2	0.699 9	1.405 7	2.245 5
	LeNet	0.784 5	1.256 5	0.760 7	2.492 3	0.764 8	1.409 2	2.434 5
	ResNet	0.761 5	1.276 3	0.725 4	3.054 9	0.703 7	0.968 6	2.014 3

(3)基于总糖含量的预测与分析

以总糖含量为预测值,Vis-NIR为特征值分别对3个贮藏期下建立SVM、LR、RF、LeNet和ResNet预测模型,结果如表2-9所示。总体来说,总糖含量的模型表现结果也比基于含水率的预测模型差;但是模型总体表现略优于基于总酸含量的预测模型。其中,3个贮藏期中模型表现最好的是时期3,尤其是深度学习模型RseNet,其R_P^2达到最大为2.981 6,其次是SVR和PLSR,R_P^2和RPD分别为0.824 2和2.945 5、0.725 5和2.945 5。所有预测模型的R_P^2均大于0.624 6,RPD的范围为1.542 0~2.981 6,整体预测效果较好。对于时期1,表现最好的模型是PLSR,其R_P^2、RMSEP和RPD分别为0.732 5、

1.489 9、1.845 6；对于时期 2，表现最好的模型是 LeNet，其 R_P^2、RMSEP 和 RPD 分别为 0.745 1、0.756 6、2.442 2；对于时期 3，表现最好的模型是 ResNet，其 R_P^2、RMSEP 和 RPD 分别为 0.847 5、0.423 4、2.941 6。3 个时期中，深度学习模型 LeNet 和 ResNet 的表现相对比较稳定，R_P^2 和 RPD 分别大于 0.660 0 和 1.542 5，而传统机器学习的 R_P^2 和 RPD 分别大于 0.624 5 和 1.542 0。时期 3 的建模预测结果整体比其他两个时期的预测结果更好，这可能与贮藏时间增加，红枣内部的含水率降低，其他有机质（如总糖含量）相对质量分数上升有关。

表 2-9　基于 Vis-NIR 对红枣的单个贮藏期下的总糖含量建模

时期	模型	训练集		验证集		预测集		RPD
		R_C^2	RMSEC	R_V^2	RMSEC	R_P^2	RMSEP	
时期 1	PLSR	0.764 6	1.124 5	0.731 6	1.492 3	0.732 5	1.489 9	1.845 6
	RF	0.769 3	1.122 0	0.704 4	2.162 7	0.665 2	1.485 4	1.642 4
	SVR	0.705 4	1.759 9	0.692 6	1.838 4	0.624 5	0.750 0	1.542 0
	LeNet	0.771 3	1.550 1	0.762 3	2.417 5	0.690 1	1.914 5	1.752 1
	ResNet	0.760 5	1.456 6	0.701 3	1.555 5	0.660 0	1.954 3	1.562 7
时期 2	PLSR	0.759 6	0.356 6	0.703 2	4.755 0	0.695 1	0.566 6	2.042 1
	RF	0.716 2	1.785 2	0.692 3	3.568 2	0.692 3	2.556 8	1.653 2
	SVR	0.737 5	0.456 6	0.723 4	1.865 8	0.706 0	0.506 5	2.863 5
	LeNet	0.755 9	0.542 5	0.742 6	2.864 3	0.745 1	0.756 6	2.442 2
	ResNet	0.796 3	0.366 6	0.706 4	4.568 1	0.678 0	0.536 6	2.742 3
时期 3	PLSR	0.753 4	1.228 3	0.729 4	5.741 2	0.725 5	1.423 5	2.575 4
	RF	0.772 5	1.022 3	0.724 6	4.757 1	0.633 2	2.458 5	1.763 5
	SVR	0.806 3	0.756 6	0.762 1	5.855 1	0.824 2	0.646 6	2.945 5
	LeNet	0.826 2	0.744 5	0.803 4	2.538 1	0.802 5	0.458 4	1.545 2
	ResNet	0.832 2	0.556 8	0.801 6	2.563 7	0.847 5	0.423 4	2.981 6

2. 基于 NIR 的单个贮藏期理化值预测分析

（1）基于含水率的预测与分析

基于 NIR 光谱数据使用 SVR、LR、RF、LeNet 和 ResNet 建立预测模型，结果如表 2-10 所示。总体来说，含水率模型的表现效果相较于基于 Vis-NIR 建立的含水率预测模型略好。这可能与 NIR 光谱中某些敏感波段能够与可见/近红外波段响应水分子中的 O—H 键有关。对于所有预测模型，R_P^2 均大于 0.675 6，RPD 的范围为 1.323 2～3.812 7。其中，表现最好的是时期 1，尤其是 LeNet 和 ResNet，其 R_P^2 和 RPD 分别为 0.913 5 和 3.812 7、0.905 4 和 2.912 3；其次是 SVR 和 PLSR，均表现出良好的结果。对于时期 1，表现最好的模型是 LeNet，其 R_P^2、RMSEP 和 RPD 分别为 0.913 5、1.045 3、3.812 7；时期 2

和时期 3 中表现最好的模型是 ResNet，R_P^2、RMSEP 和 RPD 分别为 0.858 8、2.334 8、2.451 2 和 0.896 0、1.349 1、2.234 3。基于 NIR 的含水率预测模型整体表现出了比较好的结果，但是相对而言，LeNet 和 ResNet 的表现更好，RF 的表现更差。总体结果表明，利用 Vis-NIR 与机器学习算法能够有效地预测贮藏期下红枣的含水率。

表 2-10　基于 NIR 对红枣的单个贮藏期下的含水率建模

时期	模型	建模集		验证集		预测集		RPD
		R_C^2	RMSEC	R_V^2	RMSEV	R_P^2	RMSEP	
时期 1	PLSR	0.751 5	1.575 4	0.738 6	1.492 7	0.836 6	2.255 5	1.952 5
	RF	0.749 3	1.956 6	0.704 5	2.963 2	0.704 1	2.042 5	1.652 4
	SVR	0.876 5	1.656 5	0.762 6	1.747 2	0.750 0	1.354 5	1.978 5
	LeNet	0.941 1	1.853 3	0.917 8	2.471 5	0.913 5	1.045 3	3.812 7
	ResNet	0.964 4	1.474 4	0.946 2	1.452 5	0.905 4	1.154 5	2.912 3
时期 2	PLSR	0.792 3	1.656 5	0.692 3	2.448 2	0.675 6	2.354 9	1.323 2
	RF	0.789 3	0.634 5	0.762 8	5.741 4	0.794 1	2.106 0	1.866 4
	SVR	0.756 5	0.234 6	0.649 2	4.782 3	0.710 0	3.556 3	1.624 4
	LeNet	0.766 7	0.134 5	0.792 3	2.752 5	0.846 5	2.494 2	1.912 1
	ResNet	0.705 6	0.334 2	0.671 2	3.741 4	0.858 8	2.334 8	2.451 2
时期 3	PLSR	0.701 5	1.456 5	0.662 3	2.747 1	0.736 6	1.456 8	1.821 0
	RF	0.708 9	1.942 3	0.689 2	7.522 5	0.684 1	2.425 3	1.523 5
	SVR	0.806 5	1.556 2	0.756 3	3.752 5	0.790 0	1.656 6	2.043 2
	LeNet	0.895 4	0.133 5	0.872 1	2.754 2	0.802 0	2.334 5	2.342 3
	ResNet	0.863 4	0.124 5	0.802 6	2.752 5	0.896 0	1.349 1	2.234 3

(2) 基于总酸含量的预测与分析

基于 NIR 光谱数据，分别对 3 个贮藏期下的总酸含量进行预测，使用机器学习方法 SVR、RF、PLSR 和深度学习方法 LeNet 和 ResNet 分别建立预测模型，结果如表 2-11 所示。总体上，基于总酸的预测结果没有基于 NIR 对含水率建立的预测模型的表现好。对于所有预测模型，R_P^2 均大于 0.639 3，RPD 的范围为 1.412 1 和 2.253 5。3 个时期中，时期 1 和时期 2 的效果略微差于时期 3，而时期 1 和时期 2 的预测模型表现整体差别不大，时期 1 和时期 2 的最优模型均为 ResNet，时期 1 预测集的 R_P^2、RMSEP 和 RPD 分别为 0.802 4、1.354 9、2.275 2；时期 2 预测集的 R_P^2、RMSEP 和 RPD 分别为 0.836 7、1.485 3、2.227 4。时期 3 的最优模型是 PLSR，其 R_P^2、RMSEP 和 RPD 分别为 0.812 0、2.027 4、2.253 5。对于所有模型，机器学习模型的 R_P^2 和 RPD 分别大于 0.639 3 和 0.965 4，其中，时期 2 的 RF 模型表现最差；而深度学习模型的 R_P^2 和 RPD 分别大于 0.771 3 和 2.275 2。总体上，基于 NIR 建立的总酸含量预测模型能够基本满足贮藏期下红枣总酸含量的检测。

表 2-11　基于 NIR 对红枣的单个贮藏期下的总酸含量建模

时期	模型	建模集		验证集		预测集		RPD
		R_C^2	RMSEC	R_V^2	RMSEV	R_P^2	RMSEP	
时期 1	PLSR	0.831 5	1.354 9	0.746 3	0.549 2	0.731 5	1.525 2	1.412 1
	RF	0.789 3	1.854 5	0.223 4	1.856 2	0.639 3	1.724 0	1.577 2
	SVR	0.766 5	1.785 6	0.702 6	1.612 6	0.766 5	1.942 0	1.752 7
	LeNet	0.791 2	1.823 3	0.805 2	2.455 8	0.771 3	2.745 1	1.775 0
	ResNet	0.881 2	1.272 1	0.814 5	3.756 7	0.802 4	1.354 9	2.275 2
时期 2	PLSR	0.756 7	1.354 9	0.725 6	1.162 6	0.712 2	1.242 2	1.652 0
	RF	0.759 3	2.525 4	0.746 2	2.946 3	0.700 0	1.924 5	0.965 4
	SVR	0.748 9	1.542 8	0.652 7	3.992 3	0.603 5	1.452 4	1.027 4
	LeNet	0.821 1	1.452 4	0.761 6	2.626 0	0.823 4	0.424 4	1.201 2
	ResNet	0.843 4	1.554 2	0.805 2	4.263 0	0.836 7	1.485 3	2.227 4
时期 3	PLSR	0.888 7	1.354 5	0.712 6	4.162 2	0.812 0	2.027 4	2.253 5
	RF	0.756 5	1.644 2	0.706 9	5.651 2	0.803 5	1.752 5	1.772 1
	SVR	0.859 5	1.642 0	0.616 9	3.574 1	0.756 3	2.752 3	1.921 0
	LeNet	0.807 9	1.452 6	0.862 3	2.865 7	0.805 2	1.254 6	2.064 4
	ResNet	0.902 3	0.042 45	0.891 6	2.865 8	0.782 3	1.472 4	1.524 4

(3) 基于总糖含量的预测与分析

基于 NIR 光谱数据，使用 SVR、RF、PLSR、LeNet 和 ResNet 分别对 3 个贮藏期下的总糖含量建立预测模型，结果如表 2-12 所示。总体上，3 个时期的预测相对稳定，预测结果波动不大，对于所有预测模型，R_P^2 大于 0.697 5，RPD 的范围为 1.272 1~2.954 2。时期 1 中，表现最好的预测模型是 ResNet，其 R_P^2、RMSEP 和 RPD 分别为 0.846 4、1.453 5、2.022 1；时期 2 中，表现最好的预测模型是 PLSR，其 R_P^2、RMSEP 和 RPD 分别为 0.838 6、1.345 2、2.642 0；时期 3 中，表现最好的模型是 SVR，其 R_P^2、RMSEP 和 RPD 分别为 0.824 5、1.253 5、2.954 2。3 个时期中，SVR 表现最好，其 R_P^2 和 RPD 分别为 0.824 5 和 2.954 2；时期 2 的 RF 模型表现最差，其 R_P^2 和 RPD 分别为 0.697 5 和 1.305 2。对于 3 个时期中的预测模型而言，时期 3 的整体表现相对于其他两个时期更好，所有模型的 R_P^2 和 RPD 均分别大于 0.703 2 和 1.272 1。总体上，基于 NIR 光谱数据的总糖含量预测模型结果分析可知，总糖含量的预测模型比基于 NIR 建立的含水率预测模型表现略差，时期 3 的预测结果表现相对更好，RF 存在一定的过拟合，深度学习模型比机器学习模型表现更加稳定且优异，基于 NIR 模型建立的总糖含量预测模型比基于 Vis-NIR 建立的总糖含量预测模型表现更好。

表 2-12　基于 NIR 对红枣的单个贮藏期下的总糖含量建模

时期	模型	训练集		验证集		预测集		RPD
		R_C^2	RMSEC	R_V^2	RMSEV	R_P^2	RMSEP	
时期 1	PLSR	0.851 5	1.325 2	0.821 5	0.162 6	0.824 3	1.563 3	1.522 0
	RF	0.789 3	1.824 5	0.705 6	0.996 2	0.707 7	2.428 5	1.422 2
	SVR	0.806 5	1.742 3	0.802 6	1.162 5	0.812 1	1.643 2	1.750 0
	LeNet	0.791 1	1.932 4	0.783 6	0.671 2	0.786 6	1.934 2	1.657 5
	ResNet	0.904 4	1.242 3	0.884 9	0.962 3	0.846 4	1.453 5	2.022 1
时期 2	PLSR	0.862 5	1.345 2	0.866 2	2.262 3	0.838 6	1.345 2	2.642 0
	RF	0.886 7	1.252 5	0.764 6	2.611 6	0.697 5	1.924 5	1.305 2
	SVR	0.894 5	1.554 3	0.826 2	3.262 3	0.801 2	1.636 0	1.411 4
	LeNet	0.805 2	1.842 2	0.761 3	2.792 0	0.785 0	1.452 4	1.942 1
	ResNet	0.823 4	1.853 0	0.826 2	4.162 3	0.801 2	1.835 0	1.942 2
时期 3	PLSR	0.895 2	1.125 4	0.806 2	4.162 8	0.804 3	1.236 4	1.332 1
	RF	0.907 4	1.026 2	0.761 2	2.423 7	0.703 2	2.453 6	1.272 1
	SVR	0.894 1	1.455 0	0.892 6	2.757 8	0.824 5	1.253 5	2.954 2
	LeNet	0.845 2	1.454 9	0.801 6	3.865 2	0.762 3	1.453 4	2.909 7
	ResNet	0.866 5	0.964 4	0.812 6	2.858 7	0.795 2	1.645 3	2.152 0

3. 多个贮藏期模型比较分析

(1) 理化值预测与分析

根据基于 Vis-NIR 和基于 NIR 的单个贮藏期理化值预测分析结果可知,基于 NIR 建立的红枣内部质量属性预测模型的表现效果比 Vis-NIR 更好,故我们在多个贮藏基模型研究中使用 NIR 光谱数据针对 3 个贮藏期下的含水率,总酸含量和总糖含量建立预测模型,并进行分析与对比,其结果如表 2-13 所示。含水率模型整体呈现比较好的效果,预测集 R_P^2 均大于 0.824 8;表现最好的预测模型是 LeNet,其 R_P^2、RMSEP 和 RPD 分别为 0.926 0、0.426 2、3.126 5。总酸含量和总糖含量的预测模型表现比含水率预测模型略差,表现最好的模型均为 ResNet,其 R_P^2、RMSEP 和 RPD 分别为 0.791 0、2.662 3、2.029 2 和 0.888 7、0.053 7、3.036 6。总体而言,对于机器学习模型,最好的模型是 RF,其 R_P^2、RMSEP 和 RPD 分别为 0.869 5、0.056 3、2.726,其次是 PLSR 和 SVR;对于深度学习模型,在一定程度上,深度模型表现出一定的稳定性。就红枣的含水率、总糖含量和总酸含量的预测模型而言,含水率预测模型的表现最好,其次是总糖含量,最后是总酸含量。这可能与红枣内部早期含水量相对较多有一定的联系,且整个贮藏期中红枣的总糖含量也比总酸含量高。

表 2-13 基于 NIR 的多个贮藏期下的红枣理化值预测

红枣质量属性	模型	训练集		验证集		预测集		RPD
		R_C^2	RMSEC	R_V^2	RMSEV	R_P^2	RMSEP	
含水率	PLSR	0.845 4	0.009 9	0.791 2	0.012 4	0.839 8	0.010 8	2.138 1
	RF	0.850 3	0.009 9	0.834 9	0.011 9	0.833 4	0.011 7	2.129 6
	SVR	0.937 5	0.362 9	0.926 5	0.400 1	0.920 1	0.585 0	2.062 6
	LeNet	0.921 1	0.623 1	0.914 9	0.716 2	0.926 0	0.426 2	3.126 5
	ResNet	0.818 8	0.011 4	0.822 0	0.011 4	0.824 8	0.011 2	2.611 6
总酸含量	PLSR	0.782 8	0.012 5	0.665 8	0.016 5	0.688 6	0.016 7	1.427 3
	RF	0.869 3	0.009 7	0.706 4	0.025 7	0.654 6	0.027 7	1.012 9
	SVR	0.857 5	1.126 2	0.834 6	2.992 7	0.756 0	1.823 3	1.062 0
	LeNet	0.736 3	0.426 5	0.926 0	2.166 2	0.728 0	1.423 6	1.680 0
	ResNet	0.847 0	0.014 2	0.777 7	0.013 2	0.791 0	2.662 3	2.029 2
总糖含量	PLSR	0.886 5	0.050 6	0.899 5	0.051 8	0.881 8	0.049 2	2.726 1
	RF	0.918 6	0.042 9	0.892 1	0.050 4	0.869 5	0.056 3	2.726 8
	SVR	0.777 5	1.926 2	0.775 2	2.262 6	0.741 2	2.095 5	1.642 6
	LeNet	0.879 0	1.862 3	0.855 8	5.261 2	0.825 5	1.659 5	2.232 6
	ResNet	0.888 5	0.051 0	0.889 4	0.048 9	0.888 7	0.053 7	3.036 6

(2) 基于 ResNet 的波段贡献率分析

根据表 2-13 可知,基于 ResNet 建立的预测模型表现出比较好的效果。基于 ResNet 模型,我们使用测试集,采用 Saliency Map 来可视化波长的重要性,即通过波段的贡献率大小可视化预测模型的敏感波段。在数据处理前,对其使用归一化操作,结果如图 2-17 所示。如图 2-17(a)所示,对于含水率,约在波段范围为 960~990 nm 处呈现最明显的特征,其次是约 1 300~1 400 nm 处,其余波段的贡献率较为一致,均比较平稳,这可能与水中的 O—H 键有关。如图 2-17(b)所示,对于总酸含量,约在波段范围为 1 390~1 090 nm 处呈现最明显的特征,其余波段的贡献率有所降低。如图 2-17(c)所示,对于总糖含量,波段最高贡献率集中在 1 210 nm 附近,其余波段相对该波段附近贡献率略有降低。

本节主要基于可见/近红外光谱和近红外光谱数据对全波长、特征波长使用传统的机器学习 SVM、LR 和 RF 及深度学习 LeNet 和 ResNet 分别建立单贮藏期 Vis-NIR,单贮藏期 NIR 和多贮藏期 NIR 的含水率、总糖含量和总酸含量的质量预测模型。本节首先通过蒙特卡洛方法剔除异常值,再分别根据单贮藏期和 3 个贮藏期下的红枣内部质量属性进行预测。基于多贮藏期建模的预测结果比基于单贮藏期建模的效果更佳,这可能是基于多个贮藏期建模增加了样本的多样性和数量,使得模型更加稳健。对于全波长和特征波长,模型都表现出很好的结果,但是相较于全波段,特征波段需要更短的时间,而效果却没有大幅下降。因此,我们选择基于特征波段的多个贮藏期的机器学习模型,实现对红枣质量的无损检测。

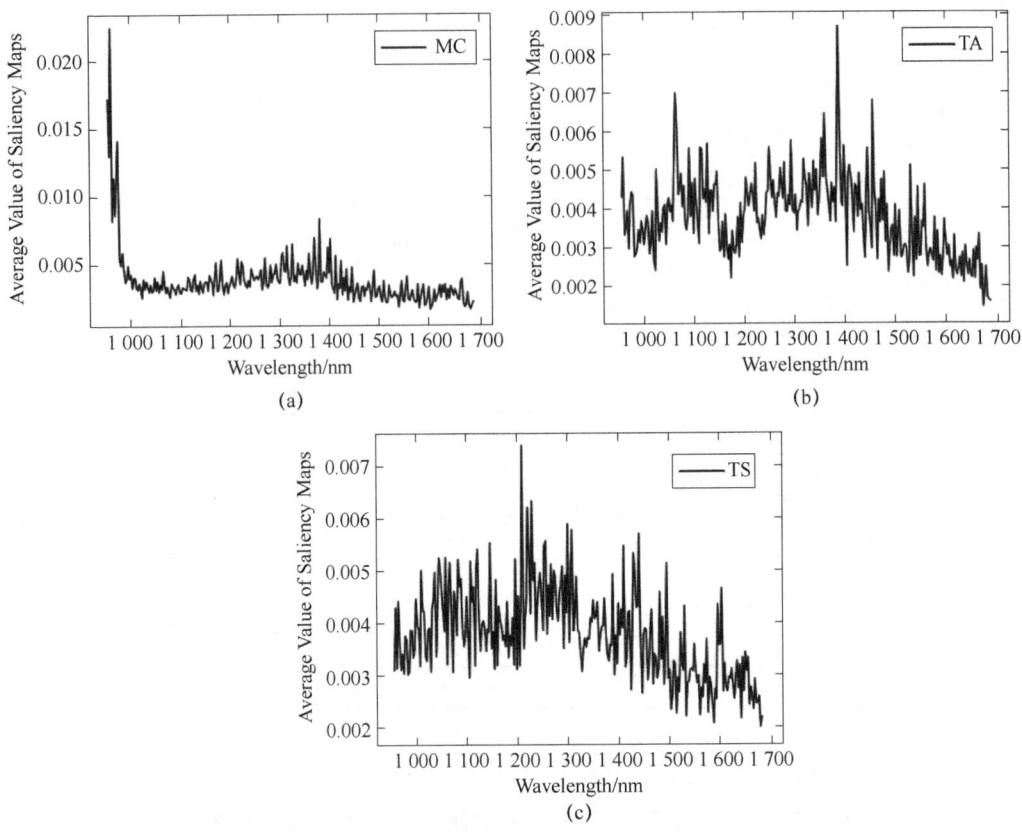

图 2-17　基于 NIR 对 ResNet 的波段贡献率分析

2.6　新疆红枣质量无损检测系统设计与实现

　　干枣作为新疆著名的干果,其质量受到人们高度关注。高光谱数据存在共线性强、维度多等特点。目前,针对高光谱成像技术的红枣无损质量检测,还没有一整套深加工工艺,而新疆干枣通过质量检测达到深加工项目具有广泛需求。为此,亟待需要一款能够基于高光谱数据对红枣进行质量检测的系统与平台。本节以此为背景,设计一款通过上传光谱数据就能实现对贮藏期进行分类,以及反映红枣贮藏期内部质量属性(含水率、总糖含量和总酸含量)的检测系统与平台。

2.6.1　设计需求与目的

　　近年来人们对农产品质量的要求不断提高,然而红枣企业加工厂的传统红枣质量检测方法是对红枣的个头大小、褶皱饱满度和色泽等外部质量的检测,忽略了红枣内部质量的检测,因此,需要一款能够实现对大批量红枣进行质量快速无损检测的系统。高光谱成像技术有快速、准确和无损的特点,且在农产品质量检测方面已广泛使用,能够有效地实现红枣质量的无损检测,红枣质量检测系统应运而生。然而,由于全波段光谱检测设备价格昂贵、环境适应性较差、数据处理速度缓慢,因此,它不太适合在实际生产中普及应用。本系统以收集的干枣样品的光谱数据为基础,考虑其长度、幅度较大、波段连续性较弱、邻近谱区的数据信息关联性较强,以及存有一些多余内容和噪声等,因此,我们采用特定的方法建模分析,从中筛选出与干枣不同贮藏期、含水率、总糖含量和总酸含量相关特性波长,作为干枣检测系统的基础,以此来实现对干枣的有效检测。采用特征波长建模技术可以大大减少数据处理量,降低建模复杂性,同时也能够提供更加稳定、准确的检测模型。该检测系统不仅能够实现对干枣不同贮藏期的鉴别,而且还能实现对干枣的含水率、总糖含量和总酸含量的检测,为系统用户对大批量红枣的质量检测提供便利。

2.6.2 系统功能与设计

1. 系统功能模块

基于红枣质量检测的需求,设计如图 2-18 所示的红枣质量检测平台。本节主要根据 2.3 节和 2.4 节建立的不同贮藏期下的红枣分类算法和红枣的含水率、总糖含量和总酸含量检测模型来构建红枣的质量检测系统,将理论研究的成果应用于解决实际问题。本节构建的红枣质量检测系统能针对从高光谱图像中提取的光谱数据进行分类和内部质量属性的含量检测。为了更好地展示红枣质量检测系统的处理过程,并使用户能够更容易地理解其工作原理,我们制作了一个功能模块图,如图 2-18 所示。

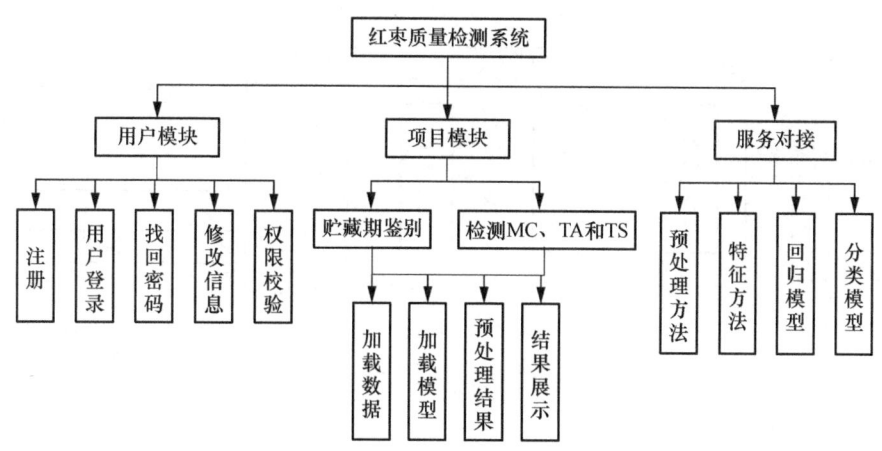

图 2-18 红枣质量检测系统功能模块

系统主要分为系统用户模块和普通用户模块。普通用户模块的使用对象为红枣企业加工厂的操作人员,主要能够完成用户的注册、登录、找回密码、修改信息和权限,以及实现对上传红枣数据的贮藏期和内部质量检测的问题。系统用户模块的使用对象为系统维护人员,可根据红枣的基本情况进行检测模型的灵活选择,并将当前红枣的检测结果与真实情况进行分析和对比,从而根据当前检测结果对系统检测模型的选择做出实时调整,并后续向系统维护人员做出一定的反馈。系统维护人员通过处理上传的光谱数据,包括将其可视化、特征选择处理,以及选择合适的模型进行贮藏期和内部质量属性检测。对此,系统用户将完成整个"流水线"(Pipeline)操作,并将红枣的基本信息与检测结果保存在数据库系统中。此外,系统还能够对数据库系统中的信息内容做出统计和分析,为用户提供更多的数据服务。其中,Pipeline 操作包括上传红枣数据、预处理、特征选择、红枣的贮藏期鉴别、红枣的含水率、总糖含量和总酸含量的检测 5 个模块,上传的红枣数据,预处理和特征选择模块都有光谱曲线可视化功能。Pipeline 操作使用 Scikit-Learn 库并且基于 Pytorch 框架实现,为应用层提供接口。

2. 系统架构

本系统采用 Python 编程语言构建,前端使用 Django 和 Layui 框架,使用 Ajax 实现前端与后端之间的通信。后端核心算法则采用 Pytorch、Pandas 和 Numpy 等科学计算工作包完成,以满足不同应用场景的需求。在系统实现时,将系统分为 Web 应用层、数据层和深度学习层。应用层主要通过 Html5 和 Layui 来完成,采用 Django 框架处理业务逻辑,并使用 Restful 风格的接口完成通过访问服务器接口实现对数据进行操作的功能。数据库采用 Django 自带的 SQLite 数据库。除此之外,移动端通过 HTTP 协议也可以访问服务器对外发布的接口,从而使用服务器提供的相应功能。系统总体架构如图 2-19 所示。

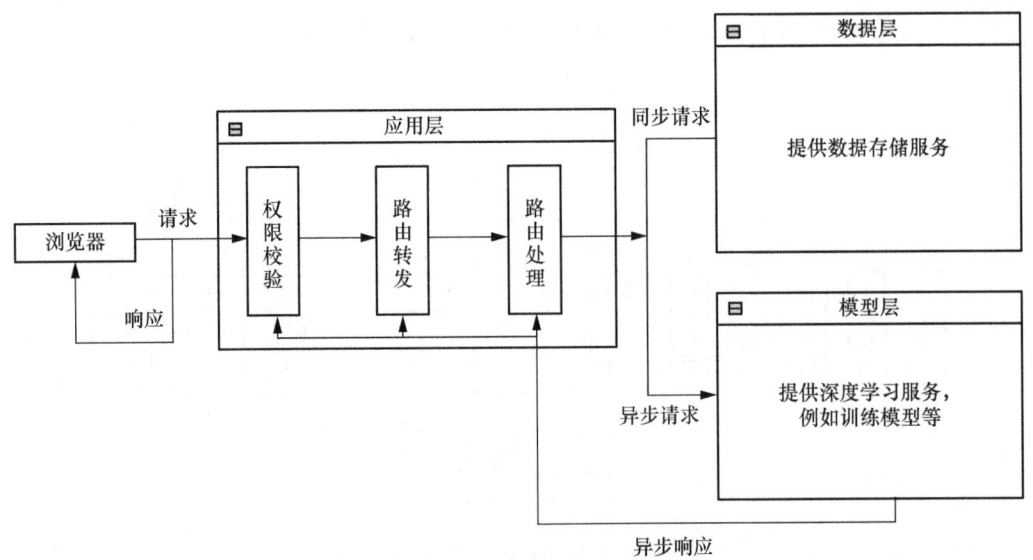

图 2-19 系统总体架构

3. 数据库设计

数据库使用 Django 框架内置的数据库 SQLite,根据前期需求分析与设计共创建 6 个实体，即创建 6 张表格，分别是 User、Modelclass、Pipeline、Project、Results 和 Jujube。6 个实体的 E-R 实体图如图 2-20 所示。

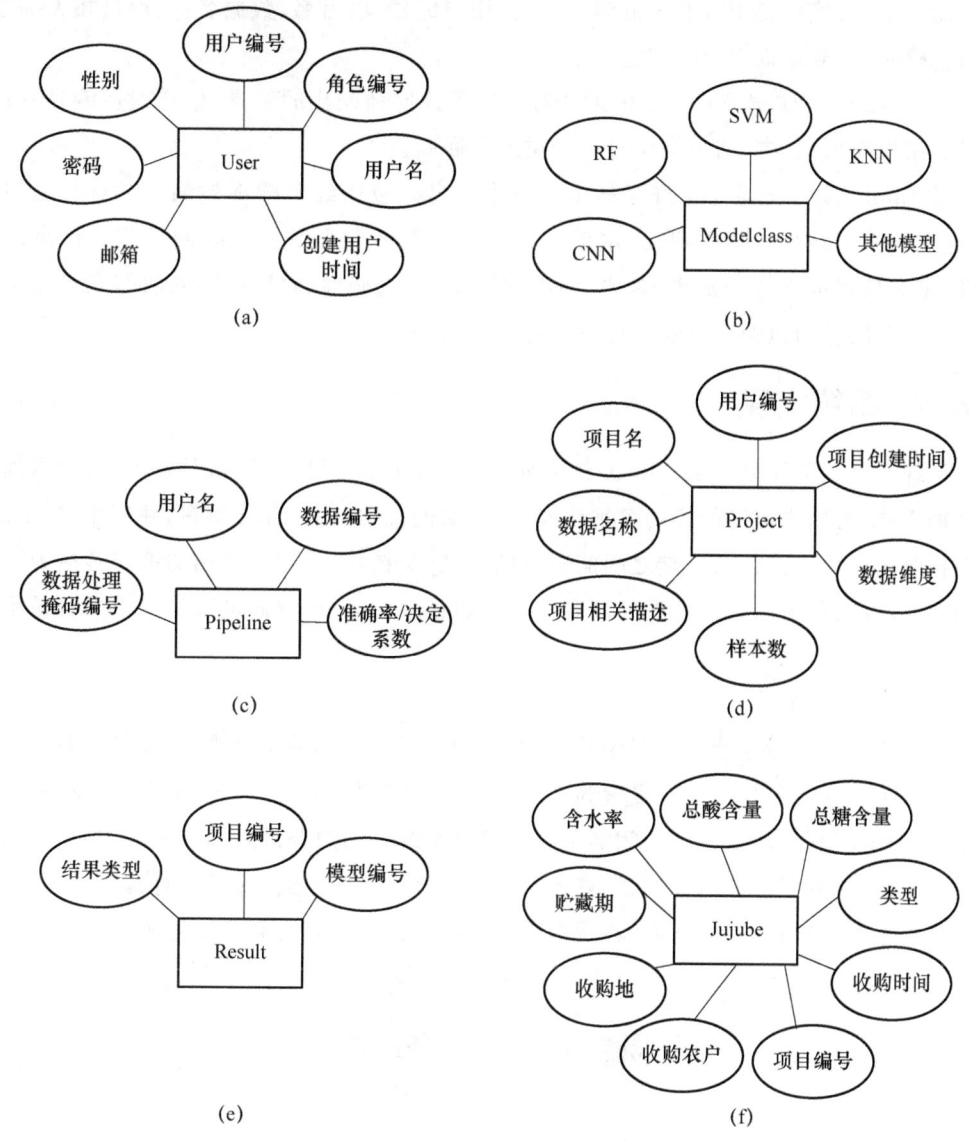

图 2-20　系统涉及的 E-R 实体图

① User 实体是记录系统用户的基本信息的实体，包括用户编号、用户名、密码、性别、角色编号、邮箱、创建用户时间。

② Modelclass 实体记录系统中所含机器学习模型的相关信息，如 RF、SVM、KNN、CNN 等，其字段包括模型名、默认参数、模型描述。

③ Pipeline 实体记录用户机器学习模型的历次训练参数及训练记录。包括用户名、数据编号、数据处理掩码编号、准确率/决定系数。一个 Project 对应多个 Pipeline，数据处

理掩码编号使用 12 位字符串描述，对应的每 4 位字符代表数据预处理、特征工程和模型选择的编号。

④ Project 实体是 Pipeline 的集合，包括用户编号、项目名、数据名称、项目相关描述、项目创建时间、数据维度、样本数。

⑤ Results 实体记录每一个模型针对每一条数据和操作的结果，包括项目编号、模型编号和结果类型，其中，结果类型分为分类或者回归。

⑥ Jujube 实体记录每个红枣样本的基本信息。包括红枣样本的编号、类型、收购时间、收购农户、收购地、贮藏期、含水率、总酸含量、总糖含量及检测时间等相关信息。其中，红枣类型目前设置为灰枣、骏枣、圆枣和赞皇枣，收购地、收购时间和收购农户用于后期完成红枣质量的检测后对农户进行一定的反馈。

2.6.3 系统实现

系统前台浏览器使用 Html5、CSS3 和 JavaScript 语言设计，包括登录网站、数据加载和处理模块，为用户提供便捷的可视化操作；后端模块则由 Python 编写，并使用 Pycharm 封装各个子模块。前台与后端之间的通信使用 Ajax 技术，将用户发出的请求转换为可执行的功能，以实现更高效的数据处理和分析。通过后端运行，我们可以将结果实时显示在前台浏览器上。

1. 登录与注册

用户完成注册后才能进入登录系统，如图 2-21 所示，即用户需要进入主界面中的主页界面。整个系统的权限校验设置为 Token 的有效期为一个小时，若用户一个小时内未对系统有任何操作，那么会话关闭需要重新登录系统。用户登录后进入个人中心，当用户想要修改密码和邮箱时，可以通过"修改密码"和"修改邮箱"操作对其进行修改，并且系统会给新邮箱发送邮件通知，同时，在数据库中对用户的信息做出相应的修改并存储。

图 2-21 用户登录界面

2. 数据库设计

(1) Pipeline 组件模块

系统维护人员登录系统后,可以进入红枣质量检测的主界面,即 Pipeline 主页,如图 2-22 所示。Pipeline 组件模块为系统维护人员的主要工作区。由于原始的高光谱图像是多维数据,容量大、处理时间长,故本节研究使用已提取好的一维光谱数据,即对本地文件或即将上传的一维光谱数据进行研究。系统主要实现红枣质量检测的一系列操作,包括:输入本次操作的名称,即本次操作为质量检测还是贮藏期检测;相关描述,即对本次操作的备注;数据输入,即输入红枣数据,已提取好的一维的光谱数据,格式为 csv 或者 xlsx 的数据文件;数据预处理,光谱数据的常用预处理方法有平滑滤波、标准化、中心化等,系统维护人员可根据下拉菜单进行选择;特征选择,如 PCA、t-SNE、SPA 等,根据下拉菜单完成选择。总之,系统维护人员在检测前,首先需要选择本次检测是质量检测还是贮藏期鉴别,然后填写对本次检测的相关描述,输入该批次样本的样本数,选择数据预处理方式和特征选择,为模型做好数据处理工作。

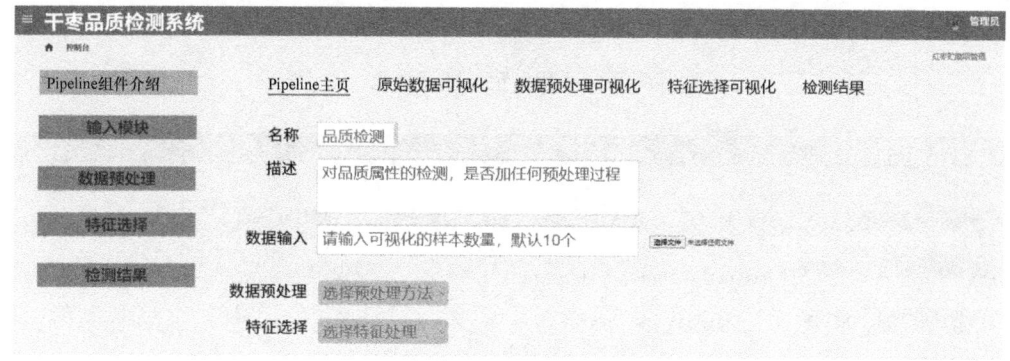

图 2-22 主要工作区

(2) 数据可视化

对于用户上传的数据,系统提供一系列可视化操作,包括原始数据的可视化,数据预处理后的可视化和特征选择后的可视化。通过预处理方法,实现对上传数据噪声的去除,提升检测效果。对于上传的数据,展示出它的光谱曲线,如图 2-23 所示。系统默认显示所有上传的光谱曲线,如果想要更加清晰地观察少量光谱曲线,可以手动输入样本数然后刷新以显示光谱曲线。

(3) 检测结果展示

按照整个 Pipeline 操作流程,系统分别检测出该批次红枣数据的贮藏期和内部质量属性,包括含水率,总酸含量和总糖含量。对于分类和鉴别的贮藏期鉴别结果,如图 2-24 所示。图中显示了该批次红枣的贮藏期和含水率、总糖含量和总酸含量及检测结果的均值。并且该系统对比了直接检测准确率和通过系统用户选择一系列操作后(Pipeline 检测）得到的贮藏期准确率。

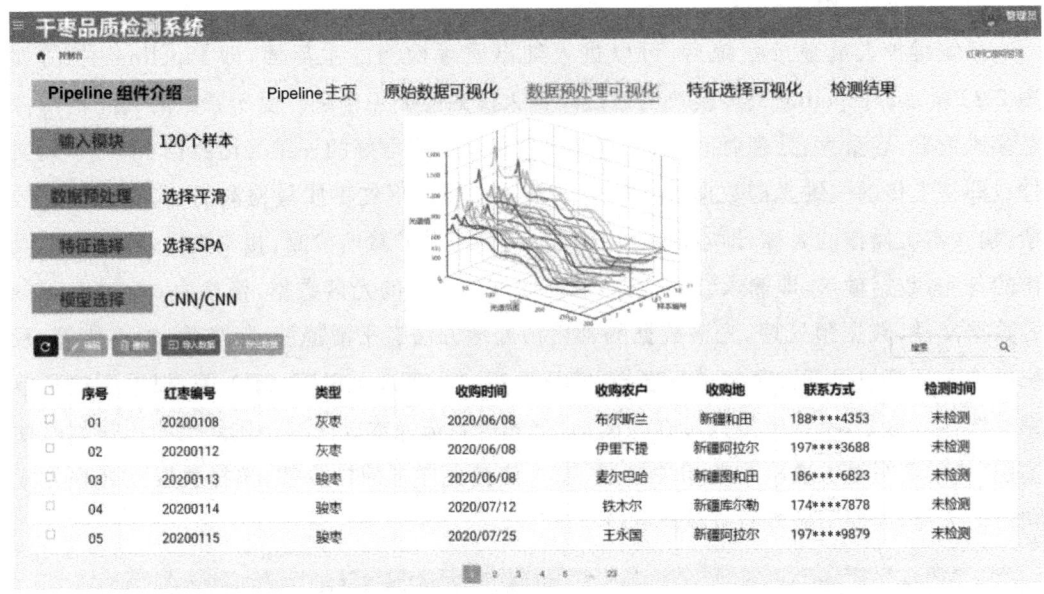

图 2-23　数据预处理可视化

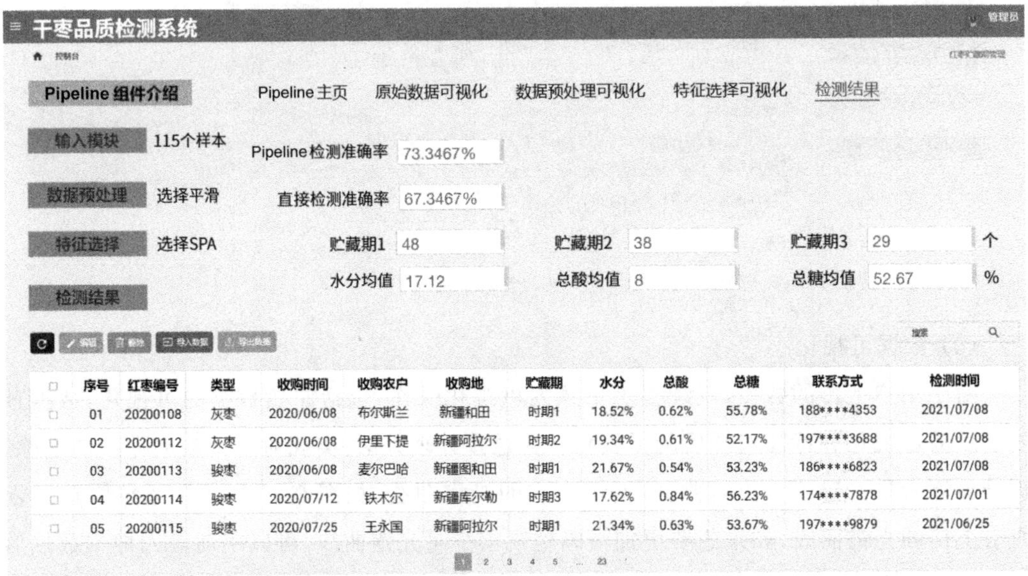

图 2-24　检测结果显示

3. 普通用户模块

（1）贮藏期鉴别

普通用户模块通过使用该系统检测红枣样本的贮藏期情况。当普通用户登录系统并进入红枣贮藏期鉴别模块后，用户单击【导入数据】按钮导入红枣样本数据，同时系统后台通过调用已经训练好的模型进行红枣样本贮藏期的鉴别，并将检测结果存储到数据库。最后，界面将显示红枣编号、类型、收购时间、收购农户、收购地、贮藏期、联系方式和检测时间等信息，界面如图 2-25 所示。

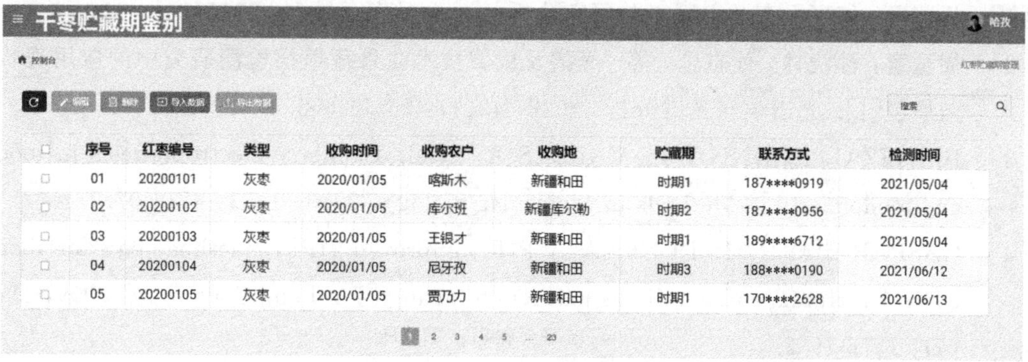

	序号	红枣编号	类型	收购时间	收购农户	收购地	贮藏期	联系方式	检测时间
□	01	20200101	灰枣	2020/01/05	喀斯木	新疆和田	时期1	187****0919	2021/05/04
□	02	20200102	灰枣	2020/01/05	库尔班	新疆库尔勒	时期2	187****0956	2021/05/04
□	03	20200103	灰枣	2020/01/05	王银才	新疆和田	时期1	189****6712	2021/05/04
□	04	20200104	灰枣	2020/01/05	尼牙孜	新疆和田	时期3	188****0190	2021/06/12
□	05	20200105	灰枣	2020/01/05	贾乃力	新疆和田	时期1	170****2628	2021/06/13

图 2-25　干枣贮藏期鉴别模块

(2) 干枣理化值检测

当普通用户进入干枣理化值检测模块时，对于已经上传的数据，系统已自动为其调用后台最优模型实现对含水率、总糖含量和总酸含量的检测，并将检测结果保存在数据库中。对于新数据，用户单击【导入数据】按钮导入红枣样本数据，同时系统后台通过调用已训练好的模型进行红枣含水率、总糖含量和总酸含量的检测，并将检测结果存储到数据库，最终，界面将显示红枣编号、类型、收购时间、收购农户、收购地、贮藏期、含水率、总酸含量、总糖含量、联系方式和检测时间等信息，界面如图 2-26 所示。

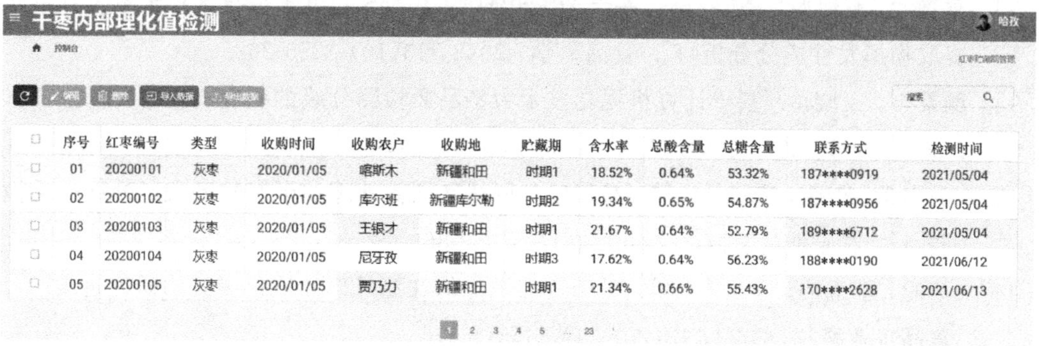

	序号	红枣编号	类型	收购时间	收购农户	收购地	贮藏期	含水率	总酸含量	总糖含量	联系方式	检测时间
□	01	20200101	灰枣	2020/01/05	喀斯木	新疆和田	时期1	18.52%	0.64%	53.32%	187****0919	2021/05/04
□	02	20200102	灰枣	2020/01/05	库尔班	新疆库尔勒	时期2	19.34%	0.65%	54.87%	187****0956	2021/05/04
□	03	20200103	灰枣	2020/01/05	王银才	新疆和田	时期1	21.67%	0.64%	52.79%	189****6712	2021/05/04
□	04	20200104	灰枣	2020/01/05	尼牙孜	新疆和田	时期3	17.62%	0.64%	56.23%	188****0190	2021/06/12
□	05	20200105	灰枣	2020/01/05	贾乃力	新疆和田	时期1	21.34%	0.66%	55.43%	170****2628	2021/06/13

图 2-26　干枣理化值检测模块

通过本节研究，我们设计出一种基于光谱数据的红枣贮藏期分类和质量检测的系统，该设计将理论研究与实际应用相结合，并通过模型验证了它在实际应用中的准确性。我们发现，目前，整个研究算法能够有效地分类红枣的贮藏期，模型能够实现较好的分类效果，而对于质量检测，含水率的检测效果优于总糖含量和总酸含量，这可能与相较于含水率，干枣中总糖含量和总酸含量较低有很大的关系。这个问题也是在未来的研究工作中可以进一步改进的地方。

本章参考文献

[1] 汪荷澄. 红枣平直及干制工艺研究分析[J]. 食品安全导刊, 2015(24): 90.

[2] 周童童, 孙晓林, 孙志忠, 等. 光谱及成像技术在果蔬损伤检测研究中的应用现状与展望[J]. 光谱学与光谱分析, 2022, 42(9): 2657-2665.

[3] IBÁÑEZ C, ACUNHA T, VALDÉS A, et al. Capillary electrophoresis in food and foodomics[J]. Methods in Molecular Biology, 2016, 1483: 471-507.

[4] GASPAR E M S M, LUCENA A F F. Improved HPLC methodology for food control-furfurals and patulin as markers of quality[J]. Food Chemistry, 2009, 114(4): 1576-1582.

[5] LIU L X, ZHANG Y, ZHOU Y, et al. The application of supercritical fluid chromatography in food quality and food safety: An overview[J]. Critical Reviews in Analytical Chemistry, 2020, 50(2): 136-160.

[6] COLOMBO R, PAPETTI A. Pre-concentration and analysis of mycotoxins in food samples by capillary electrophoresis[J]. Molecules, 2020, 25(15): 3441.

[7] BOL'SHAKOVA D S, AMELIN V G. Determination of pesticides in environmental materials and food products by capillary electrophoresis[J]. Journal of Analytical Chemistry, 2016, 71(10): 965-1013.

[8] 黄贵元, 赵海娟, 高阳, 等. 基于 HS-SPME-GC-MS 和电子鼻技术对干枣及其不同提取物挥发性成分分析[J]. 食品科学, 2022, 43(10): 255-262.

[9] 颜秉忠, 王晓玲. 基于计算机视觉技术大枣品质检测分级的研究[J]. 农机化研究, 2018, 40(8): 232-235, 268.

[10] 马本学, 李聪, 李玉洁, 等. 基于残差网络和图像处理的干制哈密大枣外部品质检测[J]. 农业机械学报, 2021, 52(11): 358-366.

[11] 李聪, 李玉洁, 李小占, 等. 基于机器视觉的红枣外部品质检测技术研究进展[J]. 食品工业科技, 2022, 43(20): 447-453.

[12] 朱丽娟. 基于机器视觉的红枣大小分级方法研究[J]. 科技风, 2022, (25): 59-61.

[13] JU P, ZHENG H, XU X H, et al. Classification of jujube defects in small data sets based on transfer learning[J]. Neural Computing and Applications, 2022, 34(5): 3385-3398.

[14] LUO X Z, MA B X, WANG W X, et al. Evaluation of surface texture of dried Hami Jujube using optimized support vector machine based on visual features

fusion[J]. Food Science and Biotechnology, 2020, 29(4): 493-502.

[15] ZHANG J X, MA Q Q, LI W, et al. Feature extraction of jujube fruit wrinkle based on the watershed segmentation[J]. International Journal of Agricultural and Biological Engineering, 2017, 10(4): 165-172.

[16] DING C Q, FENG Z, WANG D C, et al. Acoustic vibration technology: Toward a promising fruit quality detection method[J]. Comprehensive Reviews in Food Science and Food Safety, 2021, 20(2): 1655-1680.

[17] MAHANTI N K, PANDISELVAM R, KOTHAKOTA A, et al. Emerging non-destructive imaging techniques for fruit damage detection: Image processing and analysis[J]. Trends in Food Science & Technology, 2022, 120: 418-438.

[18] LIN Y D, MA J, WANG Q J, et al. Applications of machine learning techniques for enhancing nondestructive food quality and safety detection[J]. Critical Reviews in Food Science and Nutrition, 2023, 63(12): 1649-1669.

[19] 张保华, 李江波, 樊书祥, 等. 高光谱成像技术在果蔬品质与安全无损检测中的原理及应用[J]. 光谱学与光谱分析, 2014, 34(10): 2743-2751.

[20] DALE L M, THEWIS A, BOUDRY C, et al. Hyperspectral imaging applications in agriculture and agro-food product quality and safety control: A review[J]. Applied Spectroscopy Reviews, 2013, 48(2): 142-159.

[21] 马本学, 应义斌, 饶秀勤, 等. 高光谱成像在水果内部品质无损检测中的研究进展[J]. 光谱学与光谱分析, 2009, 29(6): 1611-1615.

[22] ZHU M, HUANG D, HU X J, et al. Application of hyperspectral technology in detection of agricultural products and food: A Review[J]. Food Science & Nutrition, 2020, 8(10): 5206-5214.

[23] 喻国威, 马本学, 陈金成, 等. 基于GADF变换和多尺度CNN的哈密瓜表面农药残留可见-近红外光谱判别方法[J]. 光谱学与光谱分析, 2021, 41(12): 3701-3707.

[24] 刘立新, 李梦珠, 赵志刚, 等. 高光谱成像技术在生物医学中的应用进展[J]. 中国激光, 2018, 45(2): 0207017.

[25] PASCUCCI S, PIGNATTI S, CASA R, et al. Special issue "hyperspectral remote sensing of agriculture and vegetation"[J]. Remote Sensing, 2020, 12(21): 3665.

[26] 郝慧慧, 邱雪, 张海红, 等. 灵武长枣贮藏过程中细胞壁降解及多糖结构的变化[J]. 中国食品学报, 2022, 22(9): 199-207.

[27] WANG N L, ZENG X Y. Hyperspectral Data Classification Algorithm

considering Spatial Texture Features[J]. Mobile Information Systems,2022,2022:9915809.

[28] ZHAO Y Y, ZHANG C, ZHU S S, et al. Shape induced reflectance correction for non-destructive determination and visualization of soluble solids content in winter jujubes using hyperspectral imaging in two different spectral ranges[J]. Postharvest Biology and Technology,2020,161:111080.

[29] 丁佳兴,吴龙国,何建国,等.高光谱成像技术对灵武长枣果皮强度的无损检测[J].食品工业科技,2016,37(24):58-62,68.

[30] SU W H, SUN D W, HE J G, et al. Variation analysis in spectral indices of volatile chlorpyrifos and non-volatile imidacloprid in jujube (Ziziphus jujuba Mill.) using near-infrared hyperspectral imaging (NIR-HSI) and gas chromatograph-mass spectrometry (GC-MS)[J]. Computers and Electronics in Agriculture,2017,139:41-55.

[31] 余克强,赵艳茹,李晓丽,等.基于高光谱成像技术的鲜枣裂纹的识别研究[J].光谱学与光谱分析,2014,34(2):532-537.

[32] WANG J, NAKANO K, OHASHI S. Nondestructive evaluation of jujube quality by visible and near-infrared spectroscopy[J]. LWT- Food Science and Technology,2011,44(4):1119-1125.

[33] WANG S M, SUN J, FU L H, et al. Identification of red jujube varieties based on hyperspectral imaging technology combined with CARS-IRIV and SSA-SVM[J]. Journal of Food Process Engineering,2022,45(10):e14137.

第3章 红枣质量区块链溯源技术

3.1 区块链相关理论与关键技术

物联网设备近年来常用于获取农产品溯源数据,在农业生产管理中,个体识别技术贯穿农产品的生产、加工、物流、销售等多个环节。在传统溯源技术中,蒋广鑫等为了规范市场上的农产品二维码信息,对二维码进行了统一的标准规定,并实现了二维码信息的个性化展示。但二维码作为被动式数据获取的工具,无法避免人为地对溯源数据进行干预。

区块链基于分布式技术,使用密码学技术来保证数据不可变。智能合约是一组预定义的规则,在区块链上同步运行。区块链的去中心化性质可以很好地避免数据存储的单点故障。区块链是一种链式数据结构,按时间顺序组合数据块和信息块。其数据结构和加密技术使其天然适合可追溯性应用场景。为了减轻区块链网络在存储上的压力,本章研究采取分层设计,将图片数据存储在星际文件系统(Inter Planetary File System)中,只在链上存储图片的索引哈希。

Salah 等提出了一种利用以太坊区块链和智能合约有效执行商业交易的方案,以便在整个农业供应链中进行大豆跟踪和追溯。该方案侧重于利用智能合约来管理和控制供应链生态系统中所有参与者之间的所有交互和交易。所有交易都记录并存储在区块链的不可变账本中,并与去中心化文件系统(IPFS)链接,以提供最大的透明度。区块链上的数据面对每个链上参与者都是公开透明的,在农产品溯源过程中存在企业的一些信息是敏感的。Leng 等提出了一种基于双链架构的农业供应链公共区块链系统,该系统能兼顾交易信息的开放性和安全性,以及企业信息的隐私性,能够自适应地完成资源的寻租和匹配,极大地提高公共服务平台的公信力和系统的整体效率。考虑公有链的低可扩展性和令牌驱动交易的问题,一些研究人员采用联盟链方案。Wang 等提出了一个基于联盟链的框架,以跟踪农产品供应链的工作流,实现供应链的可追溯性和可共享性,并尽可能打破企业之间的信息孤岛,该框架在汕尾绿丰源现代农业发展有限公司得到了很好的应用。Violino 等结合了 RFID 技术和区块链技术,提出了一个完整的电子可追溯原型,以确保特级初榨橄榄油产品的真实性,该原型应用于意大利的一个小型农场,并被证明是经济可持续的。Tian 分析了 RFID 技术和区块链技术在构建农业食品供应链追溯系统中的优势和劣势,并在此基础上展示了将两种技术结合起来构建新型农业食品追溯系统的过程。

供应链管理涉及从初始供应商到最终用户的利益相关者之间的全面动态合作关系。使用区块链技术重建传统的供应链系统对开发人员和管理人员来说是一个挑战。一些研究人员试图采用不同的分析和评估方法,以帮助相关从业者构建有效的基于区块链的供应链系统。

Saberi 等通过对区块链技术和智能合约进行批判性研究,认为在供应链管理中采用区块链技术需要克服 4 个障碍(组织间、组织内、技术和外部障碍)。考虑不确定性和对可持续透明度的强调将使选择供应链中应用的最合适的区块链技术变得非常复杂,Bai 等引入了一种新的混合群体决策方法,将犹豫模糊集和后悔理论相结合,用于区块链技术选择。Behnke 等使用访谈法调查了食品供应链中的 4 个案例,然后确定了 18 个边界条件。他们的研究显示,采取组织措施满足边界条件是区块链技术在食品供应链系统中成功应用并提高可追溯性的前提。Fan 等比较了两种情况下供应链成员的最优利润(供应链采用区块链技术,供应链不采用区块链)。通过分析和讨论,结果表明,并非所有供应链场景都适合采用区块链技术,这与可追溯性意识和成本有关。

基于上述研究,使用区块链技术重构农产品溯源平台并非易事。红枣供应链溯源有其自身的特点,这意味着利用区块链技术重构传统的红枣溯源平台需要仔细分析整个供应链的关键节点,构建适合于红枣供应链的区块链底层网络。

3.2 溯源区块链网络拓扑结构

3.2.1 红枣供应链关键阶段

本章研究的实地调研地点为新疆的南疆红枣产业基地。红枣供应链和其他农产品供应链类似,主要涉及种植、加工、仓储、托运、销售 5 个部分,呈线性结构。在供应链中,产生的一系列溯源信息流和资金流数据从前往后传递,并在供应链的关键节点进行信息对接。但红枣供应链也有其特别之处,这是因为红枣的加工流程并不复杂,红枣粗加工之后可以直接销售,但数量并不多,种植后直接与零售商对接的通道是闭塞的。红枣供应链溯源数据流通阶段如图 3-1 所示。

(1) 红枣种植

红枣种植和大多数农产品种植类似,在此期间所需要获得的信息大同小异,以当地红枣的种植过程为例。

不同品种的红枣的种植条件是不同的,和田骏枣需要长时间的日照,但对水的需求量却较少;阿拉尔灰枣富硒,稍微需要使用多一点的水进行灌溉;冬枣则需要较多的水。在当地的枣园中,枣树间的行距一般为 4 m,间距为 2 m,这是为了保证光照。枣树都需要修枝。在红枣的种植过程中,枣树的光照条件和灌溉条件是决定红枣品质的关键因素。除此之外,枣树也存在蚜虫虫害,在种植过程中,需要枣农对枣树采取相应的保护措施。种植红枣的枣农是红枣供应链的关键节点,他们是供应链的开始。

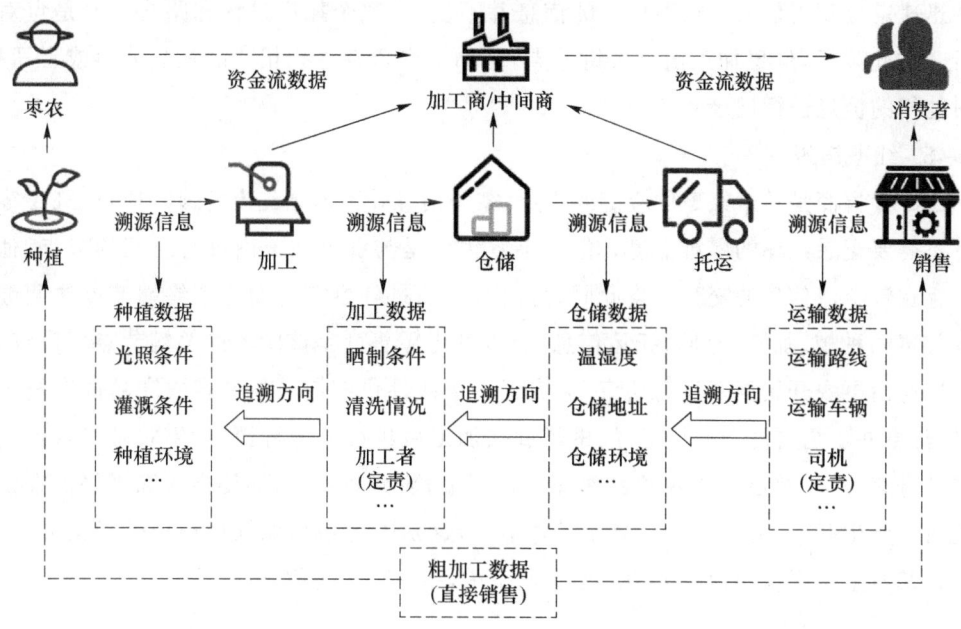

图 3-1 红枣供应链溯源数据流通阶段

(2) 红枣加工

红枣加工过程分为两部分,分别为初加工和深加工。一开始由枣农对红枣进行初加工,主要是晒制。在当地,会有多个大型晒场,附近的枣农会将采摘的红枣运至晒场进行统一晾晒。晒干后的红枣已经具备了售卖价值,可以进行出售。在当地,枣农更主要的出售方式是由本地的大型红枣企业对晒干的红枣进行统购,然后对红枣进行深加工。加工流程主要为风选除杂、滚筒分级、清洗烘干(循环 7 次)、智能分级、人工挑选、包装。在红枣加工阶段,主要涉及的相关利益者为枣农、本地大型红枣企业(也可以理解为加工商)以及零售商。在此过程中,不仅涉及了质量溯源所需的信息,还涉及资金流的流动。红枣加工商也是红枣供应链的关键节点。

(3) 红枣仓储

红枣加工的最后阶段是对红枣进行包装,包装后的红枣成箱放置,之后需要将大批红枣箱用叉车运到特定的仓库进行放置。在大多数农产品供应链中,许多农产品被存储在第三方的仓库,而当地大型的红枣加工企业有自己专有的仓库,符合红枣的仓储条件,专门用于存放成箱红枣。在此过程中,红枣本身已经有包装了,所以十分容易存储,仓库的温度和湿度是重点关注条件。在此阶段,红枣加工商仍然是红枣供应链的关键节点,负责红枣的仓储。

（4）红枣托运

红枣的存储条件并不严苛，这使得红枣在运送过程中并不需要强调运送过程中的具体条件。但为了保证红枣运送过程的质量，需要记录托运司机的信息，这样可以在溯源过程中迅速定位到责任人。红枣托运的信息并不复杂，整个托运过程和路线主要是点对点进行。在此阶段，红枣加工商是关键节点，由加工商负责寻找相关的托运公司或者司机，并对他们的信息进行记录。

（5）红枣销售

红枣零售商是整个红枣供应链的终点，零售信息并不影响红枣的最终质量，红枣零售商并不需要记录红枣的零售信息。但红枣零售商是与红枣加工商进行对接的节点，他们之间存在资金流信息的交互。与此同时，消费者通过红枣零售商这个终端节点往回溯源查询红枣的种植、加工、仓储、托运信息，所以红枣零售商是该阶段的关键节点。最终，红枣供应链由枣农开始至零售商结束，形成了一条线性供应链。与许多农产品供应链不同的是，红枣并不需要复杂的加工，红枣经过初加工后也可以进行销售，枣农可以自己进行简单的分级，然后将红枣出售给零售商。在当地，研究者发现，即使枣农和零售商在供应链上可以产生联系，但资金流的交互却并不多，这是因为在当地红枣销售处于买方市场，定价权基本上掌握在当地的大型红枣企业手中，枣农的议价权不高。

3.2.2　红枣区块链网络架构

基于 Hyperledger Fabric 解决方案构建的区块链平台需要对供应链中的涉众进行抽象，组成区块链网络中的通信节点组织。本小节将展示底层区块链网络拓扑设计的过程。

1. 区块链网络节点抽象

根据现场调研，涉及的相关利益者包括枣农、采购商/加工商、仓库/物流、零售商，由于红枣供应链存在一些特殊情况，该供应链中的关键节点实际可以压缩为 3 个，分别为枣农、加工商和零售商。除了在供应链中的实际涉众，整个区块链网络中还存在其他的涉众群体，其中包括区块链的运维人员和消费者/监管部门。红枣供应链溯源平台的涉众分析如表 3-1 所示。

表 3-1　红枣供应链溯源平台涉众分析表

角色	描述
枣农	枣农利用区块链平台记录红枣的生长数据，平台高透明度的特点使枣农能够查看种植记录，提高红枣的产量与质量
采购商/加工商	在新疆红枣的供应链中，采购商和加工商基本为同一实体，主要在区块链中记录采购数据和加工数据
仓库/物流	仓库和物流需要存储仓储条件和物流信息，在红枣供应链中，仓库和物流的信息不属于关键信息

续表

角色	描述
零售商	零售商是供应链的最下游,是供应链的终点
消费者/监管部门	消费者和监管部门都是从区块链平台读取溯源信息
运维人员	区块链的运维人员需要对区块链网络进行维护、调优,他们是区块链网络的管理者

在所有的涉众中,消费者/监管部门并不需要成为区块链网络中的实体,他们只需要通过区块链平台提供的 API 对账本进行查询即可。网络的运维人员主要是对区块链网络的整体进行把控,根据供应链发生的变化及时调整区块链网络,对区块链网络进行维护,将网络的性能调整到最优状态。他们是区块链网络的外部实体,因而,也不需要成为区块链网络中的实体。

根据 Hyperledger Fabric 解决方案的网络模型,将现实生活中需要进行交互的节点或逻辑抽象为组织(Org),组织是 Hyperledger Fabric 的逻辑实体,在区块链上所有的读写行为可以看作是不同组织基于共同账本的信息通信。在这里,有两种方案将现实实体抽象为组织。

方案 1:将涉众单位抽象为组织

该方案的好处在于结构清晰,总共有 5 个涉众单位被抽象为组织,分别为枣农、加工商、仓库、物流和零售商。这是一个细粒度的划分方案,5 个组织职责清晰,溯源信息流的流动非常容易理解。但缺点是,区块链的账本需要 5 个实体的共识才能达成一致,这导致了区块链网络的性能降低了。

方案 2:将关键节点抽象为组织

该方案根据现场调研的结果,将红枣供应链中的关键节点抽象为组织,分别为枣农、加工商和零售商。在该方案中,一个关键节点需要承担多个交互任务,但区块链账本的读写数据却没有很复杂。以加工商举例,加工商需要将加工数据、仓储数据和托运数据上链,但是由于红枣本身加工、仓储和托运的过程并不复杂,因此,该关键节点可以不进行更细粒度的组织划分。该方案的好处是减少了区块链网络的参与节点,这使得分布式账本达成共识的速度更快。与此同时,网络拓扑也更简单,更易于网络运维人员管理。

通过各项指标对两种方案进行对比,对比结果如表 3-2 所示。

表 3-2 红枣溯源区块链节点抽象方案对比

方案序号	组织数量	共识速度	去中心化程度	运维难度
方案 1	5	较慢	较高	较难
方案 2	3	快	中等	中等

基于对比表,方案 2 在组织数量、共识速度和运维难度方面都占据优势地位,更少的

组织数量意味着部署简单，更快的共识速度意味着在溯源数据上链时写入分布式账本的效率更高，简单的运维能够方便区块链运维人员对整个区块链网络管理。方案2在去中心化程度方面是不如方案1,去中心化是为了保证上链数据可信,方案2可以通过身份权限管理来弥补去中心化的不足,可以采用多个身份CA,以提供去中心化的身份权限管理。同时,身份CA在组织节点申请各自的身份之后,几乎不会主动和区块链网络进行交互,这降低了通信负担。

经过方案对比可以看出,方案2在红枣供应链场景下更适合用来构建区块链网络,本章研究基于方案2将关键节点抽象为组织,设计整个区块链网络拓扑。

2. 区块链网络拓扑设计

基于区块链的红枣供应链溯源平台是分层构建的。底层是区块链网络,中间层是智能合约,顶层是根据业务需求封装智能合约调用的应用程序。底层和中间层的组合构成了红枣供应链溯源框架,用户可以在该框架上定制他们的应用程序。该区块链网络拓扑结构如图3-2所示。

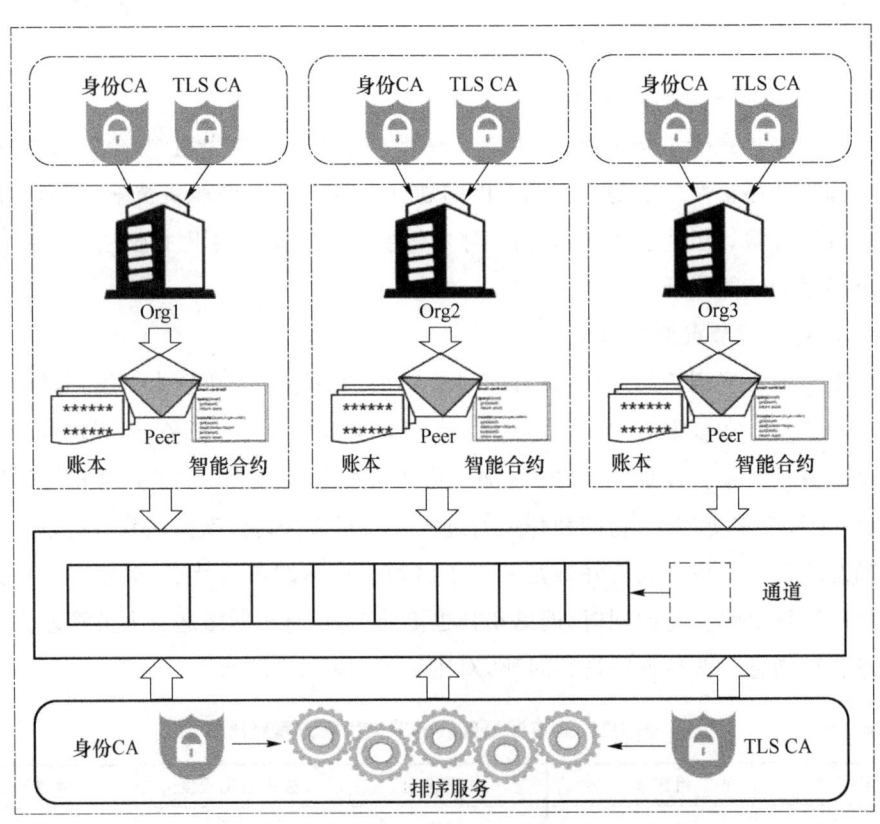

图3-2 区块链网络结构

在本章研究的区块链网络拓扑中,Org1代表枣农,Org2代表加工商,Org3代表零售商。本章研究为每个组织部署两个CA,其中,一个是身份CA,另一个是安全传输层协议(TLS)CA。身份CA用于向组织颁发身份证书,作为网络中的数字身份;而TLS CA用于TLS通信,以加密信息和保护安全。部署两个CA的目的是提高去中心化程度并增强网络的鲁棒性。

Peer节点是组织的通信终端,在区块链网络中由Peer节点做具体的交互,物理文件存储也是通过Peer节点进行的。例如,红枣供应链的分布式账本由Peer节点维护。开发者在Peer节点上安装链码,通过调用链码中的函数来实现对区块链账本的读写。本节将从枣农到零售商的供应链线性模型表示为所有组织都连接到同一通道。这意味着所有利益相关者共享账本。这样的网络拓扑结构可以避免单点故障问题。由于所有组织都连接到了同一通道上,这意味着所有关键节点在信息对接方面都非常方便,大幅提升了信息透明度。

在红枣供应链中,枣农和零售商之间是可以存在交易的。但是由于加工商主要是当地的大型红枣企业,它们掌握了红枣的议价权,因此,枣农在这个畸形市场中缺少议价能力,这导致枣农和零售商之间的资金流交互很少。为了帮助枣农掌握他们的议价权,本章研究提出私有交易工作流的概念,为枣农和零售商构建单独的通信路径。此方法禁止加工商查看私有交易的详细信息,加工商无法利用其垄断地位制定相应的采购策略,来打压二者之间的正常交易,具体设计将在3.4节给出。

在该网络中,将事务打包成块并分发给每个Peer节点进行验证之前,需要对事务进行排序。排序服务由排序节点完成。与Peer节点一样,排序节点也属于一个特定的组织——排序组织。排序组织也需要一组单独的CA来提供证书服务。排序服务采用确定性共识算法,在Hyperlegder Fabric中,采用确定性的共识算法主要为Kafka、Raft、Solo这3个,因此,分类账不会像其他公共区块链网络一样出现分歧。该区块链网络的所有CA在现实环境中都是单独的实体,因而,需要开发者部署8个CA,将其分别分配给不同的组织。

在该区块链网络之上构建的客户端可以委托Peer节点读取和写入区块链网络,消费者或监管机构可以在其中获取可追溯数据。

3.3 红枣溯源区块链网络构建

在实际构建区块链网络时,主要包括4个步骤,分别为设置CA、用CA创建身份材料和MSP、部署节点、创建通道。在本节中,我们将对这4个步骤进行详细说明,帮助相关研究者理解本章研究的内容。构建过程中涉及的术语定义可参考2.2.1小节,构建过程如图3-3所示。

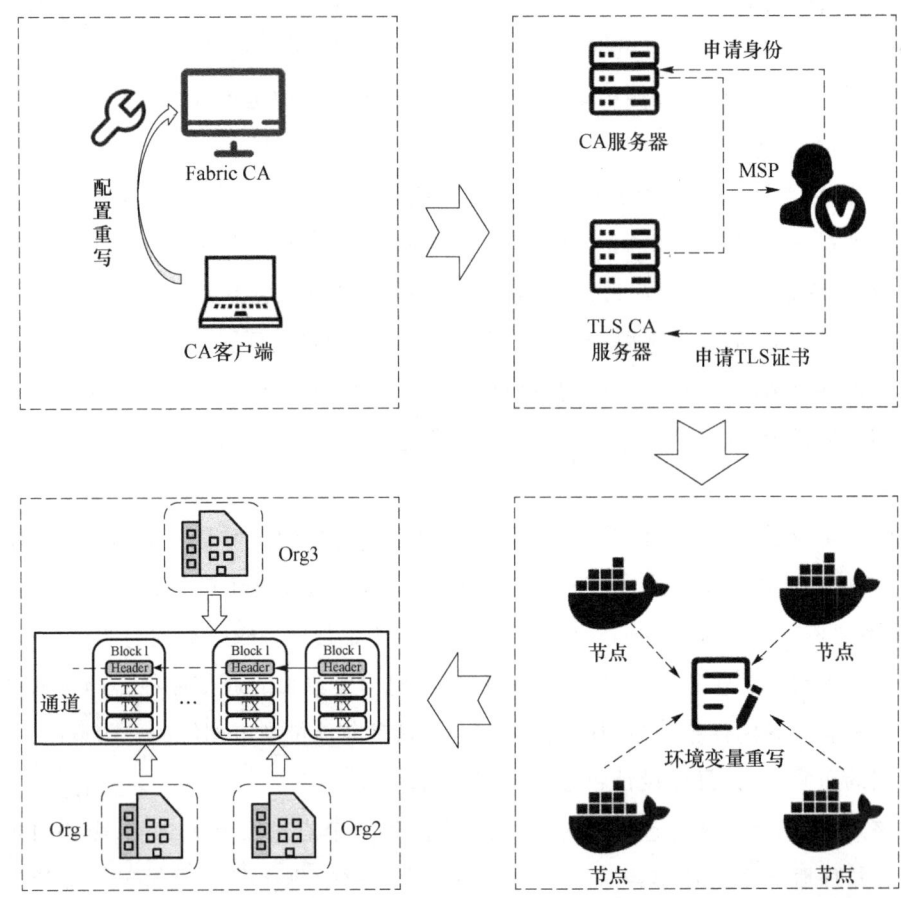

图 3-3 区块链网络构建过程

(1) 设置 CA

Hyperledger Fabric 是联盟链架构,在该架构中需要身份材料控制不同节点对区块链资源的访问权限。Hyperledger Fabric 提供一个名为 cryptogen 的工具为排序节点和 Peer 节点生成相应的证书文件(身份材料)。但在实际生产环境中,安全性、管理便利性和可用性是需要优先考虑的。因此,本章研究不采用官方提供的便捷工具,而是通过部署 CA 来生成证书文件。本章研究中使用的 CA 节点为 Fabric CA,Fabric CA 并不是必需的,但它的好处在于能够正确定义组织所需要的 MSP 结构。本章研究使用 docker-compose 来设置 CA,并将其启动。如 3.2 节所述,为了保证鲁棒性和去中心化程度,为所有的 Peer 节点和排序节点提供一组 CA(身份 CA 和 TLS CA)。

(2) 用 CA 创建身份材料和 MSP

创建 CA 之后,可以使用 CA 来为 4 个组织(3 个普通组织和 1 个排序组织)生成所需的证书文件。首先需要注册和登录管理员身份,这是必需的。因为在为本地节点创建

MSP 时，管理员身份的证书必须被使用。当管理员的身份被注册登录之后就可以为本地所有的节点创建 MSP 了。

(3) 部署节点

当所有的证书和 MSP 被创建成功之后，就可以开始部署节点了，部署的节点包括 Peer 节点和排序节点。在 Hyperledger Fabric 中底层真正进行通信的是节点。节点部署和 CA 一样使用 docker-compose。对于节点，需要有相当多的参数进行正确的设置才能使节点正常工作。通常有两种方式来对参数进行设置，一是编辑和二进制文件相关的 YAML 文件，二是使用环境变量来重写。由于第一种方法会持久化更改设置，因此，在本章研究中，我们采取环境变量对节点配置进行重写，这些环境变量的重写体现在 docker-compose.yaml 文件中。

当配置完所有的环境变量之后就可以使用 docker-compose 工具批量部署节点容器。本章研究在本地生成了 3 个 Peer 节点，1 个排序节点，1 个用来交互的 Client 节点，加上之前的 8 个 CA 容器，实际上总共部署了 13 个容器，如图 3-4 所示。

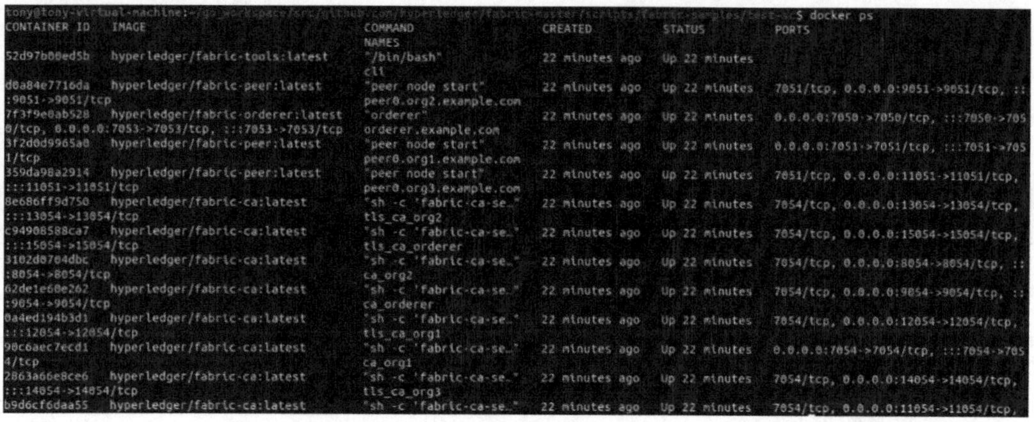

图 3-4 区块链网络运行节点

(4) 创建通道

当计算机上运行了 Peer 节点和排序节点之后，就可以创建通道了。通道用于 3 个组织之间的交易。它是特定网络成员之间的专用通信层，本质上是节点在互相通信。通道只能被加入的组织使用，这是联盟链架构的特点，故通道外的成员对通道是不可见的。通道上的组织维护同一个账本。本章研究所使用的 Hyperledger Fabric 的版本为 2.4，创建通道主要是创建初始区块，创建通道文件，使节点加入通道，设置锚节点。

成功创建通道之后，所有的节点就在同一个区块链网络中进行通信了。至此，整个区块链网络就构建成功了。

3.4 双工作流的红枣溯源智能合约算法

本节将详细介绍本章研究定义的两种交易工作流,该工作流是智能合约级别的。这两种工作流分别为普通交易工作流和私有交易工作流。两种工作流都将相关的溯源信息上链,但私有交易工作流会隔离资金流信息,为枣农和零售商创建隔离的交互信道,以帮助枣农掌握红枣的议价权。本节主要介绍两种交易的工作流程,相关智能合约的算法建模,最后对算法的读写进行基准测试和分析。

3.4.1 红枣普通交易工作流

交易是区块链去中心化账本记录的基本单位。红枣供应链中利益相关者的相关行为最终以交易区块的形式永久保存在区块链中。在本节中,信息流和资本流从枣农到加工商,最后到零售商的线性传播对供应链中的所有利益相关者都是透明的。本节将利益相关者在这个线性模型中的写入行为,即在区块链上写入可追溯信息的行为,定义为一个普通的交易。对区块链账本的写入是通过调用智能合约的逻辑实现的。本小节将分别描述普通交易的底层工作流程和普通交易智能合约设计与实现。

1. 普通交易的底层工作流程

在 Hyperledger Fabric 中,要开始一个交易,需要一些前提。本章研究假设相关组织已经通过 CA 获取了加密的身份材料,通道此时也已经构建好。不仅如此,交易是用户调用智能合约的逻辑产生的,所以在这里链码(智能合约)已经在 Peer 节点上安装完成。表 3-3 列出了普通交易工作流中涉及的主要组件(包括实体组件和概念组件)。

表 3-3 普通交易工作流中的主要组件

组件	描述
客户端	交易提案的发起人
Peer 节点	一个组织处理事务的终端节点
排序节点	对事务进行排序并将其打包成块的节点
世界状态	记录事务日志最新值的组件
通道	用于广播信息、数据和账本的隔离单元

在表 3-3 中,客户端、Peer 节点、排序节点、通道都已完成配置与构建,此时区块链网络已经开始运行了。如图 3-5 所示,该图描述了普通交易事务中涉及的主要功能节点、组件和工作流细节。

普通交易工作流可以划分为 4 个主要步骤,分别为交易提案初始化、模拟运行与背书、响应检查与交易排序、验证与更新。

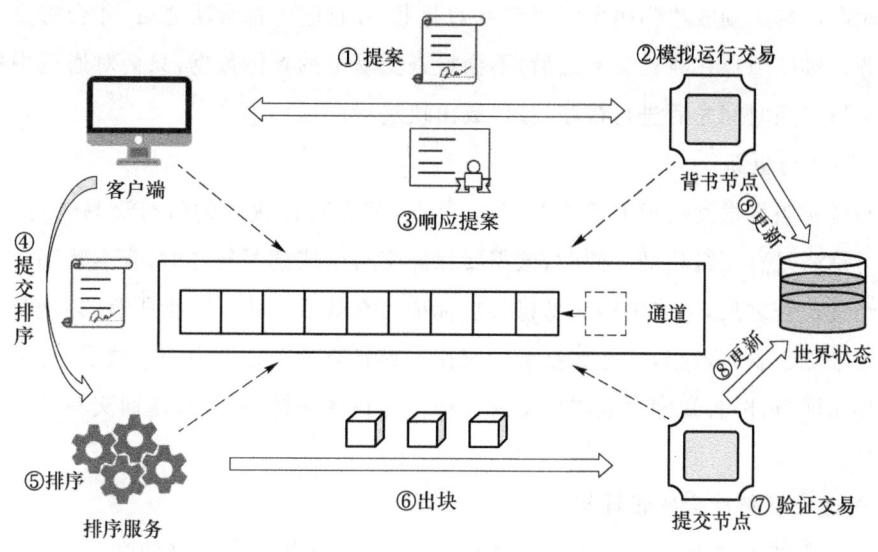

图 3-5 普通交易工作流

(1) 交易提案初始化

交易提案由客户端应用程序生成,应用程序使用相应的 SDK 来构建一个交易提案,并将交易提案提交给背书节点,交易提案中包含多个关键数据:通道 ID(ChannelID)、要调用的链码 ID(ChaincodeID)、时间戳(Timestamp)、客户端的签名(Sign)、事务的具体内容(TXPayload),在 TXPayload 中,主要包含两项,分别为要调用的链码的函数及相应的参数(Operation)和调用的相关属性(Metadata)。提案实际上是带有具体参数的调用链码请求,该请求是对账本的读或写。在这里背书节点是 Peer 节点的一种类型,它的主要工作是为交易提案提供背书。

(2) 模拟运行与背书

背书节点介绍到交易提案之后会对提案进行相关的检查,检查的内容主要包括交易提案的格式,提案是否之前被提交过(防止重放攻击),提案中的客户端签名的有效性,提案的请求者权限。当提案被验证通过后,背书节点会模拟运行提案中的链码,产生响应值、读写集与事务结果。背书节点会对结果进行背书,将响应结果返回给客户端。

(3) 响应检查与交易排序

在网络中,背书节点可能有多个,客户端需要收集背书节点的背书,验证其签名。这里需要得到足够的有效背书才行,这取决于背书策略。对于交易的响应,也存在一些区别。如果交易是调用链码对账本进行查询,客户端只需要检查查询响应并返回即可,并不会将交易提交给排序服务,只有写入交易才会最终上链。假设此时网络中存在两个组织,每个组织下面都有一个 Peer 节点,分别为 Peer1 和 Peer2,背书策略需要所有节点的背书。这时客户端必须收集到两个背书节点的背书,并且验证都合法之后,才会将交易交给排序服务。排序节点在收到交易之后,不会检查交易中的具体数据,只会对通道中接收到的所有交易按照时间先后进行排序,打包成出块进行广播。

(4) 验证与更新

交易区块被发送到通道上的所有 Peer 节点,节点对区块内的所有交易进行验证,以确保交易是满足背书策略的。同时,这需要保证交易生成读写集之后,账本状态没有发生变化。经过检查之后,区块中的交易将会被标记为有效或无效。对于所有的有效交易,写集会被用来更新状态数据,状态数据是存储在世界状态这个组件中的。最后,背书节点会给客户端返回事件,告知客户端本次交易已被记录在区块链中,并且返回交易结果是否有效的结论。

2. 普通交易智能合约设计与实现

因为区块链的链上存储资源是宝贵的,需要对上链数据有明确的划分,所以我们只将关键溯源数据原文存储在区块链上。以枣树种植溯源数据的上链为例,不同红枣品种对于光照条件和灌溉条件的要求是不同的,不合适的光照与灌溉条件无法保障红枣的高品质。同时红枣在种植过程中还需要关注当地种植园的整体种植环境和土地情况,但这些都不是必需的。总结下来,需要写入的内容包括种植环境、光照条件、浇水记录等,与此同时需要辅以现场图片作为更详细的描述。但是,在种植阶段决定红枣品质的是光照条件和灌溉条件,所以这两个条件是关键溯源数据,其他的数据则是非关键数据。

在设计智能合约时,只将最关键的信息以键值对的形式保存到区块链中,而对于图片这种描述信息,只存储该信息的哈希值。具体描述信息存储在链下。如果监管机构需要判断链下的描述信息是否被篡改,可以对链下的信息进行哈希,并将其与链上的哈希值进行比较。

哈希函数由应用层根据业务需求定制。在本章研究中,将图片数据存储在 IPFS 中,在链上存储 IPFS 的内容索引哈希。在 IPFS 中,图片进行哈希再经过相关编码处理之后得到的内容索引哈希为 32 B。在智能合约中,本章研究以键值对的形式存储键与内容哈希索引。

表 3-4～表 3-7 列出了智能合约不同阶段读写数据的键值对设计。

表 3-4 为红枣种植信息表,该表记录了红枣在种植环境中需要记录在链上、用于质量溯源的关键信息。

表 3-4 红枣种植信息表

键名	类型与长度	是否可为空	描述
PropertyId	String(32)	否	该键值为 IPFS 的内容索引哈希,同时可以理解为整个信息表的"主键",通过该键值获取表中其他数据
GrowStatus	String(不定长)	是	该键值为红枣的生长状态的详细描述,用于补充说明图片。同时该键值对可以拓展更多其他的补充信息
WaterContent	String(不定长)	是	该键值为灌溉条件,是种植出优质红枣的其中一个要素
IlluminationStatus	String(不定长)	是	该键值为光照条件,是种植出优质红枣的另一个要素

表 3-5 为红枣加工信息表,该表记录了红枣在加工阶段所需要的数据。由于红枣加工过程较为简单,所以加工的具体过程由一个键值对保存,加工内容有时候包含企业隐私,所以该表不会强调加工细节。

在设计该表时,我们需要考虑消费者溯源的透明度,即关键字段需要对最终用户和监管部门透明,但是一些企业的机密信息是不能在区块链上出现的,不然会凭空出现大量竞品。所以本章研究强调的溯源透明度并不是没有前提,而是需要考虑各个字段对于各个涉众来说是否必须。

表 3-5 红枣加工信息表

键名	类型与长度	是否可为空	描述
ProcessId	String(32)	否	该键值为 IPFS 的内容索引哈希,作用和 PropertyId 是相同的
Processer	String(不定长)	是	该键值为红枣的加工者
ProcessRemark	String(不定长)	是	该键值是红枣的具体加工过程。这同样可以成为一个拓展字段,记录在加工过程中的一些额外信息

在表 3-5 中,比较关键的键值对是 Processer,该字段用于在质量溯源中直接定位加工者。通过该键值对,可以督促加工者认真加工红枣,这能体现本章研究的红枣供应链溯源平台的责任可落实特点。

表 3-6 为红枣的仓储托运信息表,红枣供应链的仓储和托运条件并不严苛,并且主要是由加工商完成记录。本章研究把仓储和托运设计为一张记录表。

在表中,司机为一个关键信息,同样是用来定责,这可以督促司机在托运过程中快速地、点对点地完成运输,减少路上的不确定因素。

表 3-6　红枣仓储托运信息表

键名	类型与长度	是否可为空	描述
ShipmentId	String(32)	否	该键值为 IPFS 的内容索引哈希
Warehouse	String(不定长)	是	该键值为红枣的仓库环境
Driver	String(不定长)	是	该键值为托运红枣的司机,用于之后质量溯源的责任落实
ShipmentRemark	String(不定长)	是	该键值为托运的一些备注信息,主要作为拓展字段

表 3-7 为红枣的溯源信息表,该表除了将上述内容哈希作为键值对进行存储,还包含了供应链中红枣流转对接后的价格变化。价格透明对消费者和监管部门来说很重要,保证公平的买卖环境与高效的价格监管。该表同样要求对红枣批次的所有人进行记录,这是区块链对定责的二次保障。

表 3-7　红枣溯源信息表

键名	类型与长度	是否可为空	描述
AssetName	String(32)	否	该键值是整个红枣溯源的键,通过该键获取所有溯源数据
AssetProperty	String(不定长)	是	该键值是红枣种植信息表的"主键",也是红枣种植信息表中的图片内容索引哈希
AssetProcessInfo	String(不定长)	是	该键值是红枣加工信息表的"主键",也是红枣加工信息表中的图片内容索引哈希
AssetShipmentInfo	String(不定长)	是	该键值是红枣仓储托运信息表的"主键",也是红枣仓储托运信息表中的图片内容索引哈希
AssetOriginalPrice	Int	是	该键值是红枣由枣农卖给加工商的价格
AssetProcessPrice	Int	是	该键值是红枣由加工商卖给零售商的价格
Owner	Int	是	该键值是该批次红枣的当前所有者

接下来以伪代码给出普通交易读写账本的算法流程,因为 Hyperledger Fabric 是权限控制的联盟链架构,所以节点调用智能合约首先需要身份证书材料,通过身份证书材料判断节点是否有读写权限,这里采用 Org1(组织 1)的身份。

对于区块链来说,Org1 的身份是关键节点,其被设置为可以在普通交易中进行读写。读取红枣溯源数据的流程如算法 3-1 所示。

算法 3-1 普通交易读取红枣溯源数据

输入：Org1 的 MSP，交易的上下文接口
输出：解码的红枣溯源数据数组

1： **if** MSP 是被授权的 **then**
2：　　基于起始键创建结果迭代器 $RS_{iterator}$
3：　　**if** 返回 error **then**
4：　　　　返回 NULL
5：　　end if
6：　　提前声明迭代器 $RS_{iterator}$ closure
7：　　声明结果存储空间 SP
8：　　while ($RS_{iterator} \to Next) \neq NULL$ do
9：　　　　解析迭代数据获取可用结果 ζ
10：　　　　将结果放入存储空间：$\zeta \Rightarrow SP$
11：　　end while
12：　　返回 SP
13：**else** 返回 NULL
14：end if

读取红枣溯源数据首先需要判断当前的身份材料是否具有读取权限，如果通过验证，那么就可以根据初始和结束的键值开始迭代获取溯源信息，在迭代获取过程中对数据进行解码，格式为结构体数组，最终得到所有的红枣溯源数据。接下来我们给出普通交易写入红枣溯源数据的算法流程。这里同样采用 Org1 的身份，以枣农写入红枣种植数据为例，如算法 3-2 所示。

算法 3-2 普通交易写入红枣溯源数据

输入：Org1 的 MSP，交易的上下文接口，红枣溯源键值，图片信息的哈希值，相关关键溯源数据
输出：error 状态

1： **if** MSP 是被授权的 **then**
2：　　根据红枣溯源键值从世界状态中读取数据：$WS \Rightarrow \eta$
3：　　**if** $\eta == NULL$ **then**
4：　　　　返回 error
5：　　else
6：　　　　将需要写入的溯源信息组合放入结构体 θ
7：　　　　格式化结构体：$\theta \gg \Theta$
8：　　　　将格式化数据写入世界状态：$\Theta \Rightarrow WS$

算法 3-2　普通交易写入红枣溯源数据

9：　　返回 error(empty)

10：　end if

11：else 返回 error

12：end if

写入红枣种植数据需要判断身份材料的权限,在这里 Org1 的身份材料是具有写入权限的。枣农在写入红枣的种植数据时首先需要从世界状态中查询是否存在该批次红枣,如果不存在,是不可以进行写入的,这避免了链上存储垃圾数据。然后,数据通过结构体存储再进行格式化,最终写入账本中。正确的数据会被写入;返回的是空的,表明该数据错误。

3.4.2　红枣私有交易工作流

为了提高红枣供应链中枣农的议价能力,需要在红枣供应链框架中建立枣农和零售商之间的单独沟通渠道。枣农可以选择将粗加工的枣直接卖给零售商,这确保了红枣的收购价格由市场决定,削弱了加工商对收购价格的垄断地位。本章研究将枣农和零售商通过单独的信道在区块链上写入信息的行为定义为私有交易。加工商无法知道私有交易的具体内容,但消费者可以追踪私有交易的内容,监管机构也可以监督私有交易的具体数据,这两者可以通过使用 Org1 和 Org3 提供的身份材料和接口进行相关查询。

1. 私有交易底层工作流程剖析

进行私有交易的前提和普通交易是相同的。这里本章研究同样假设相关组织已经通过 CA 获取了加密的身份材料,通道此时已经构建好了,链码已经在 Peer 节点上安装完成。私有交易工作流所涉及的组件比普通交易工作流要多,表 3-8 列出了私有交易工作流中的额外组件。

表 3-8　私有交易工作流中的额外组件

组件	描述
瞬态数据存储	瞬态数据的临时存储区
私有数据存储	专用于存储私有数据的数据库

通道可以理解为一个隔离的账本,私有交易可以通过构建两个通道实现。这意味着作为进行私有交易的 Org1 和 Org3 需要维护两个通道的账本,这造成了不必要的存储、运行开销,这是一个通道级别的方案。

本章研究通过智能合约级别的方案实现私有交易,所有组织节点都连接在同一个通道中,共同维护一个账本。私有数据单独存储在授权组织节点上的私有数据库中。未经授权的组织节点只能查看私有数据的哈希值,哈希值经过背书和排序后被写入通道中所有 Peer 节点的账本中。

与通道级别的方案不同,进行私有交易的组织不再需要连接到不包括其他组织的新通道中,所有组织仍然在同一个通道中。该方案降低了网络开销,但同时,该方案的工作流程更加复杂,如图 3-6 所示。

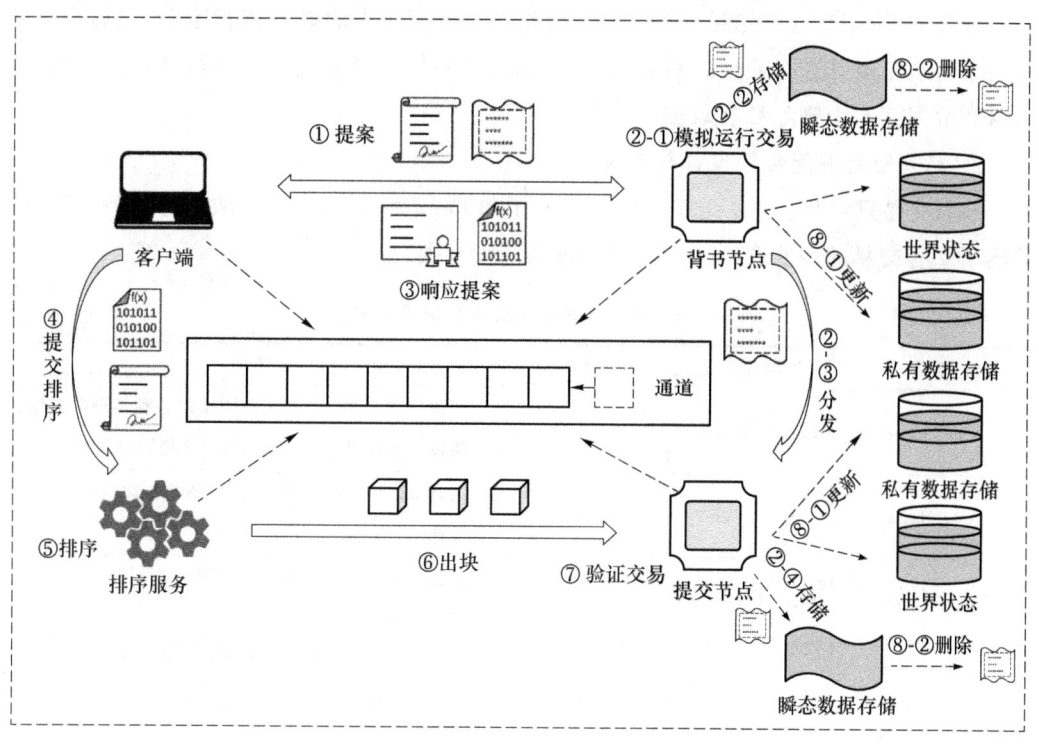

图 3-6 私有交易工作流

私有交易工作流仍然可以划分为 4 个主要步骤,分别为交易提案初始化、模拟运行与背书、响应检查与交易排序、验证与更新。

(1) 交易提案初始化

交易提案由客户端应用程序生成,应用程序使用相应的 SDK 来构建一个交易提案,客户端节点向具有私有数据操作权限的背书节点集提交调用链码的提案。提案中调用链码的相关数据在提案的瞬态(Transient)字段中。

(2) 模拟运行与背书

授权的背书节点模拟交易并将私有数据存储在瞬态数据存储中。根据私有数据的组织策略,它通过 Gossip 协议将私有数据分发给其他授权的 Peer 节点。背书节点背书后,提案将被发送回客户端。响应中包含一个读写集、公共数据,以及私有数据键值的哈希,而私有数据的具体内容不会发送给客户端。

(3) 响应检查与交易排序

此步骤和普通交易的处理过程几乎相同,客户端需要收集背书节点的背书,验证其签名。排序节点在收到交易之后,对通道中接收到的所有交易按照时间先后进行排序,之后打包成出块进行广播,出块中包含了私有数据的哈希。

(4) 验证与更新

授权的 Peer 节点首先对存储在其本地瞬态数据存储中的数据进行哈希,然后根据公共块中的哈希对其进行验证。只要验证通过,私有数据就会复制到私有数据存储。最后,从瞬态数据存储中删除私有数据。

2. 私有交易智能合约设计与实现

私有交易只涉及了两个组织,分别为 Org1 和 Org3,它们代表了枣农和零售商。表 3-9 给出了私有交易的智能合约读写数据的键值对设计表。

表 3-9 私有交易红枣溯源信息表

键名	类型与长度	是否可为空	描述
ObjectType	String(不定长)	否	该键值用于区分状态数据库中的各种类型的对象,以便接下来可以拓展更多的私有交易智能合约
AssetName	String(32)	否	该键值是整个红枣溯源的键,通过该键获取所有溯源数据
AssetProperty	String(不定长)	是	该键值包含了枣农种植红枣中的具体数据和粗加工的一些简单信息
Price	Int	是	该键值是红枣由枣农卖给零售商的价格
Owner	Int	是	该键值是该批次红枣的当前所有者

枣农和加工商交易的智能合约中包含资金流的信息,这些数据对于加工商来说是不可见的。加工商只能在链上看到私有信息的哈希,用于验证交易存在于链上。具体的交易内容只有交易双方可以看到。接下来以伪代码给出私有交易读写账本的算法流程,交互过程首先需要身份证书材料,这里采用 Org1 的身份。私有交易读取红枣溯源数据的流程如算法 3-3 所示。

算法 3-3 私有交易读取红枣溯源数据

输入:Org1 的 MSP,交易的上下文接口

输出:解码的红枣溯源私有数据数组

1: **if** MSP 是被授权的 **then**

2:   基于起始键和私有数据集合名创建私有结果迭代器 $PRS_{iterator}$

3:   提前声明迭代器 $PRS_{iterator}$ closure

4:   声明私有结果存储空间 PSP

算法 3-3 私有交易读取红枣溯源数据

5: while (PRS$_{iterator}$→Next)≠NULL do
6: 解析迭代数据获取可用结果 ζ
7: 将结果放入存储空间：$\zeta \Rightarrow$ SP
8: end while
9: 返回 SP
10: **else** 返回 NULL
11: end if

读取红枣溯源数据首先需要判断当前的身份材料是否具有读取权限,如果通过验证,那么就可以根据初始和结束的键值以及集合名开始迭代获取溯源信息。相较于普通交易,私有交易多了一个集合名,集合是用来存储私有数据的存储单位。在迭代获取过程中对数据进行解码,格式为结构体数组,最终得到所有的红枣溯源数据。私有交易读取数据的流程和普通交易读取数据的流程几乎是相同的。接下来给出私有交易写入红枣溯源数据的算法流程,同样采用 Org1 的身份,如算法 3-4 所示。

算法 3-4 私有交易写入红枣溯源数据

输入：Org1 的 MSP,交易的上下文接口
输出：error 状态
1: **if** MSP 是被授权的 **then**
2: 从瞬态中获取私有数据：Transient$\Rightarrow\Delta$
3: **if** $\Delta \neq$ NULL **then**
4:   解析获得的数据得到可用数据：$\Delta \gg \delta$
5:   根据可用数据的键值从私有数据存储 PSD 中查找上链结果 ϕ
6:   **if** $\phi \neq$ NULL **then**
7:    返回 error
8:   **else**
9:    将解析数据组合进结构体 γ
10:    格式化结构体：$\gamma \gg \Gamma$
11:    将格式化数据写入私有数据存储：$\Gamma \Rightarrow$ PSD
12:    返回 error(empty)
13:   end if
14: **else** 返回 error
15: end if
16: **else** 返回 error
17: end if

私有交易写入红枣溯源信息的智能合约要相对复杂。写入红枣种植数据需要判断身份材料的权限，Org1 的身份材料是具有写入权限的，这是枣农与加工商之间的交易。传入智能合约的参数是通过瞬态这个特殊的数据结构传入的。首先，我们需要将获取的瞬态中的值解码成 Json 格式，这里需要严格判断 ObjectType 和 AssetName 两个键的值是否为空，这是在一开始私有交易红枣溯源信息表中设定好的。然后，我们需要判断红枣批次是否已经存在，只有不存在才可以创建红枣批次，写入溯源数据。红枣溯源数据的所有字段都填充好后，就可以进行格式化写入私有数据了。正确的数据会被写入；返回的是空的，表明该数据错误。

3.4.3　智能合约算法基准测试与分析

本章研究的区块链网络部署在虚拟机上，采用伪分布式方式，所有的区块链节点都用 docker 部署。普通交易和私有交易的智能合约已经安装在相关节点上了。虚拟机的配置如表 3-10 所示。

表 3-10　基准测试环境表

项目	配置
CPU	2 核
内存	6 GB
硬盘	60 GB
操作系统	Ubuntu20.04
软件环境	Hyperledger Fabric 2.4.0、Golang 1.15.7、Docker 20.10.12、Docker-compose 1.25.0

对 4 个事务进行了基准测试，分别为在普通交易中写入、在普通交易中读取、在私有交易中写入和在私有交易中读取。

每种交易都有 5 组基准测试，这 5 组基准测试以 50 TPS、100 TPS、150 TPS、200 TPS 和 250 TPS 的固定速率执行了 1 000 笔交易。

一个本地工作者进程模拟了客户端，通过 Org1 身份与区块链网络进行交互。这里采用 Org1 身份的主要原因是枣农在普通交易工作流中具有读写权限，同样地，枣农作为私有交易的关键节点，在私有交易工作流中对区块链仍然具有读写权限。在整个基准测试的过程中，网络配置将不需要更改。

表 3-11～表 3-14 展示了每种交易在不同发送速率下的成功或失败情况。

表 3-11　在普通交易中写入 1 000 笔交易的状态

状态	发送速率 (50 TPS)	发送速率 (100 TPS)	发送速率 (150 TPS)	发送速率 (200 TPS)	发送速率 (250 TPS)
成功	1 000	998	993	993	993
失败	0	2	7	7	7

表 3-12　在普通交易中读取 1 000 笔交易的状态

状态	发送速率 (50 TPS)	发送速率 (100 TPS)	发送速率 (150 TPS)	发送速率 (200 TPS)	发送速率 (250 TPS)
成功	1 000	1 000	995	993	995
失败	0	0	5	7	5

表 3-13　在私有交易中写入 1 000 笔交易的状态

状态	发送速率 (50 TPS)	发送速率 (100 TPS)	发送速率 (150 TPS)	发送速率 (200 TPS)	发送速率 (250 TPS)
成功	1 000	998	994	994	994
失败	0	2	6	6	6

表 3-14　在私有交易中读取 1 000 笔交易的状态

状态	发送速率 (50 TPS)	发送速率 (100 TPS)	发送速率 (150 TPS)	发送速率 (200 TPS)	发送速率 (250 TPS)
成功	1 000	999	995	992	995
失败	0	1	5	8	5

通过对交易结果进行分析，我们发现，无论是在普通交易还是私有交易中写入，在 100 TPS 以上的发送速率下都会出现个位数的失败结果，只有在最低设定的发送速率（50 TPS）下，所有的交易都可以成功写入账本。

通过在基准测试过程中仔细搜索查看日志后，我们发现失败的交易都是发生在前 10 笔交易中。这主要是因为 Hyperledger Caliper 的固定速率控制器在开始时有一个加速过程，此时发送速率不稳定；待发送速率进入稳定期后，所有交易都成功了。在普通交易和私有交易中测试读取时，为了模拟在可追溯性或监管下读取数据的真实情况，本章研究使用随机数随机读取交易内容。这导致读取失败次数偶尔会出现略高于写入失败次数的情况，这是随机数出现碰撞的结果。

红枣溯源区块链网络的吞吐量和延迟的性能指标如图 3-7 所示。

根据图 3-7 我们可以看出，在吞吐量和平均延迟的性能指标方面，读取数据的性能明显优于写入数据。这是因为写入数据涉及节点背书和达成共识的过程，而读取数据只需要读取节点的世界状态数据库，节点将数据返回后就不需要修改账本了。

在图 3-7(a)中，虽然发送速率可以达到 250 TPS，但在普通交易中写入数据的吞吐量最终被限制在约为 78 TPS 的地方，在私有交易中写入数据的吞吐量最高能达到 83 TPS。私有交易中写入数据的吞吐性能明显优于普通交易。在普通交易中写入数据涉及 3 个组织的背书和共识(Org1、Org2和Org3),而在私有交易中,写入数据只涉及两个组织的背书和共识(Org1和Org3),这是后者优于前者的主要原因。

这证明了3.3节的设计是合理的,即物流、加工和仓储分别被抽象为1个组织而不是3个组织,这减少了参与背书和协商一致的组织的数量。很明显,参与共识的组织越少,区块链的网络吞吐性能越好。

在图3-7(b)中,它显示了普通交易和私有交易中读取数据的吞吐量最高约为220 TPS。当发送速率为200 TPS时,私有交易中读取数据的吞吐量显著低于普通交易,这是内存抖动造成的。

在图3-7(c)和图3-7(d)中,我们可以看出,不管是在普通交易还是在私有交易中,读取和写入数据的平均延迟都非常好。延迟低意味着用户在进行相关写入和读取操作时感受不到停顿感,用户体验更加丝滑。

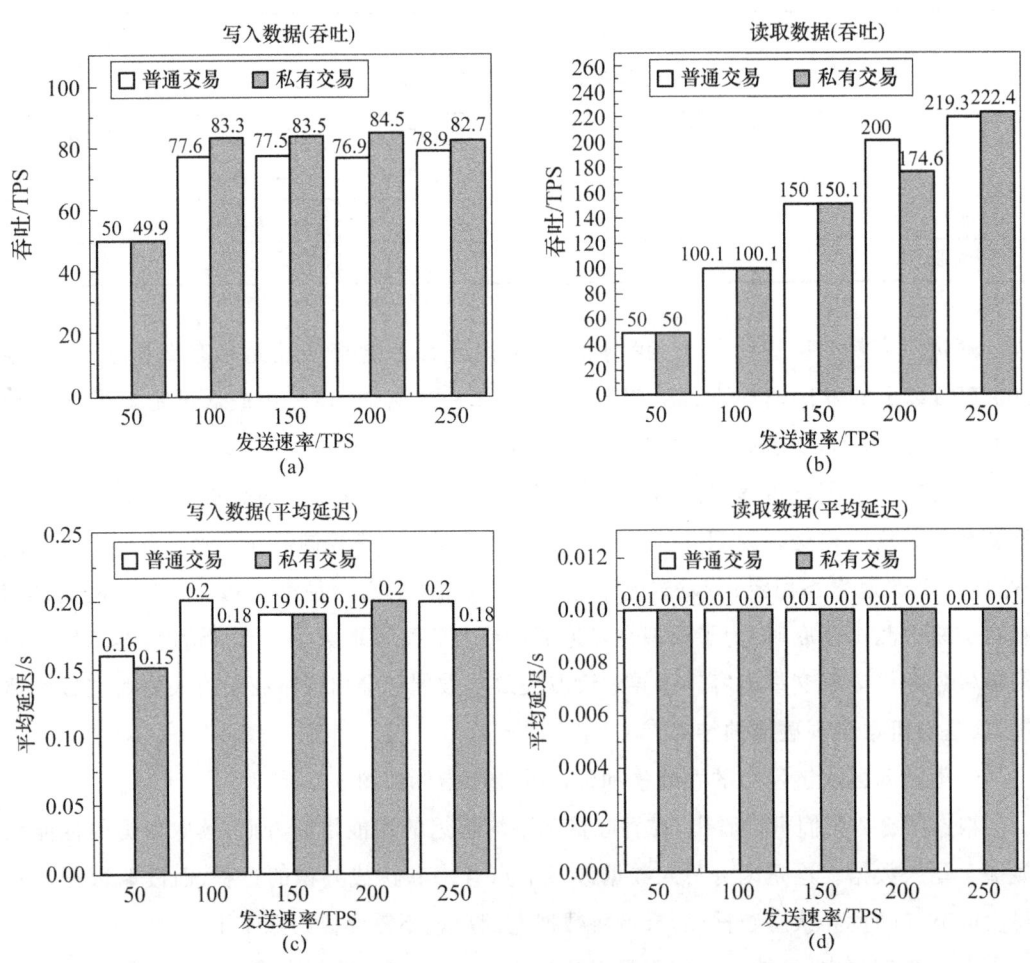

图3-7 不同发送速率在普通交易和私有交易中读写数据的吞吐量和延迟指标

本章研究可视化了4个主要节点在发送速率为250 TPS下的资源消耗,通过观察与分析图 3-7 可知,当发送速率为 250 TPS 时,区块链网络具有最佳的吞吐量性能和平均延迟。

在整个红枣溯源的区块链网络中,有 4 个主要节点,分别为排序节点、Peer1 节点、Peer2 节点和 Pee3 节点,3 个 peer 节点需要在每一次写入交易提案时参与背书操作,并将排序节点打包好的区块存在本地,并更新世界状态,这可以理解为分布式账本达成最终一致性。排序节点则是排序区块,在共识过程中不停与 3 个 Peer 节点通信。

以上 4 个节点是最重要的资源消耗单位,除此之外的 8 个 CA 节点只有在请求获取证书时才会有网络交互。在生产网络的情况下,可以将 8 个 CA 节点剥离,放在单独的证书服务处理器上,故本章研究并不考虑 CA 的资源消耗。红枣溯源区块链网络节点资源消耗的性能指标如图 3-8 所示。

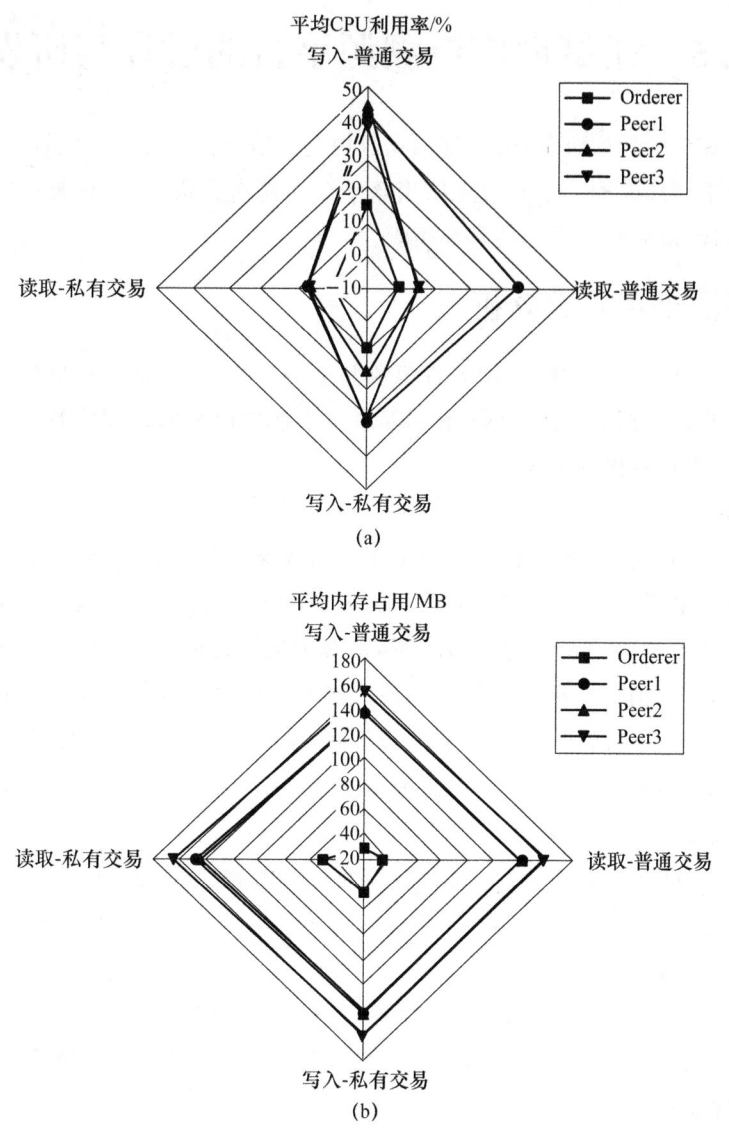

图 3-8 节点在普通交易和私有交易中读写数据的平均 CPU 利用率和平均内存占用

在图 3-8(a)中,Peer1 是 CPU 利用率最高的节点。在普通交易中写入数据时,其 CPU 利用率最高,约为 43%。这是因为所有基准测试的构建与提交交易都是使用 Org1 的身份材料,接着委托给 Peer1 节点在网络中进行相应的交互实现的。现实生活中并不会发生在极短的时间内所有的交易都由一个节点发出的情况。在图 3-15(b)中,3 个 Peer 节点的平均内存利用率基本相同,从 140 MB 到 160 MB 不等。排序节点的平均内存利用率很低,最大为 60 MB。分析可知,所有的主要节点都可以在普通的计算机上运行,所占用的资源并不多。

通过完整的基准测试,可以看出,本章研究构建的红枣供应链溯源的区块链网络可以在通用主机上部署,获得理想的性能。

3.5 红枣供应链溯源平台的设计与研发

基于本章提到的知识研究基础,我们在区块链网络上构建红枣供应链溯源平台,溯源平台采用前后端分离架构。本节首先给出该平台的需求分析,然后根据需求分析介绍该平台的概要设计,最后给出平台的具体实现。

3.5.1 溯源平台需求分析

红枣供应链溯源平台的利益相关者角色并不多,为了更好地发挥区块链性能,加工、仓储和托运的具体数据的上链,实际上可以由一个抽象出来的组织实现。对于需求的分析,将主要集中在抽象出的组织。

1. 总体需求概述

农产品供应链溯源平台的相关研究成果和可视化应用已经十分丰富了,但针对红枣供应链溯源方面的研究却处于空白阶段,相关的溯源应用也不多,基本上是中心化的架构。这就造成了红枣供应链信息对接困难,溯源数据不透明,并且十分容易出现丢失,无法定责等情况,使得消费者在查看相关溯源数据时无法完全信任。以上这些问题都可以通过区块链技术来帮助解决。在解决这些问题的基础上,我们构建的可视化平台需要帮助所有的供应链关键节点快速和区块链网络进行交互。因此,在构建红枣供应链溯源平台时,总体需要把控如下需求:

(1) 给枣农(Org1)、加工商(Org2)、零售商(Org3)提供简洁清晰的操作接口,封装智能合约逻辑,使相关关键节点不需要了解区块链方面的任何知识就能进行信息上链、信息溯源,以保证用户体验。

(2) 方便大型数据压缩,主要为压缩图片数据。给需要上链的信息提供 IPFS 操作接口,快速获取内容索引哈希后,结构化上链数据,实现简易快速的链上链下操作。

2. 功能性需求分析

本平台的涉众用户主要是抽象出的 3 个组织,分别是枣农、加工商、零售商(Org1、

Org2、Org3)。消费者需要对溯源数据进行查看,但消费者并不是区块链网络的构成节点,并不需要对账本进行写入、维护。所以消费者实际上是借用抽象出的组织的身份来查看溯源信息。本节通过例图表现 3 个组织的功能需求,如图 3-9 所示。

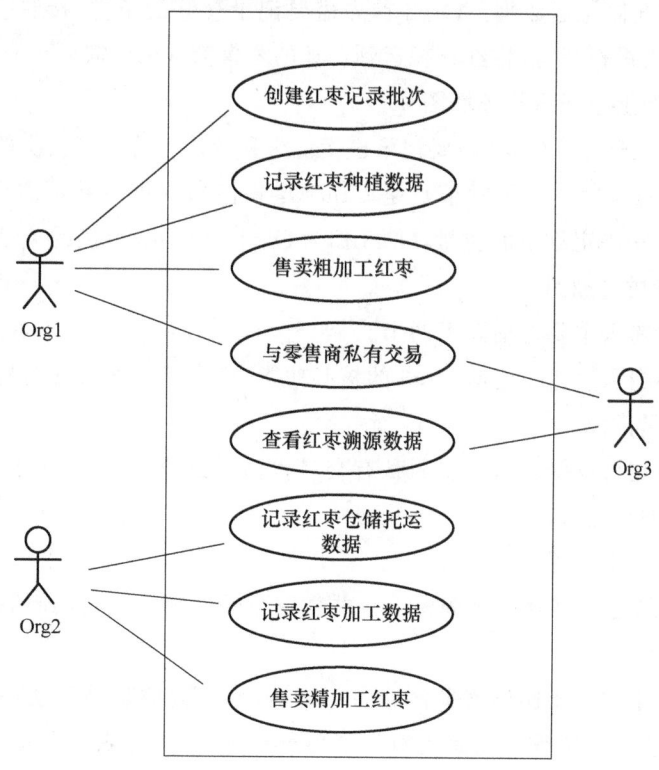

图 3-9 表现 3 个组织功能需求的例图

在本平台中,Org1 的功能需求主要包括以下 4 个。

① 创建红枣记录批次。红枣最原始的溯源数据由这个功能记录,Org1 下面的节点需要记录当前红枣的持有者,以及贯穿整个红枣供应链唯一的键,之后所有需要进行溯源或查询红枣相关的链上数据都需要通过该键查询记录。

② 记录红枣种植数据。根据实地调研的分析可知,在红枣种植阶段,光照条件、灌溉条件是决定红枣品质优劣的关键数据。Org1 节点需要记录这两个关键数据,并且上传红枣环境图片,记录红枣的生长中其他的相关数据。

③ 售卖粗加工红枣。这里售卖的原始红枣主要是一些粗加工的红枣,售卖对象是加工商,Org1 的节点需要记录资金流的数据和转让当前红枣批次的所有者。

④ 与零售商私有交易。枣农与零售商之间的私有交易,Org1 节点需要记录粗加工红枣的相关数据,转让红枣的所有者以及交易的价格。

Org2 是加工商,但其所需要记录的数据并不只有加工过程数据,还包含仓储托运的相关数据,Org2 是红枣供应链的关键节点之一。

Org2 的功能需求主要包括以下 3 个。

① 记录红枣加工数据。Org2 的节点需要记录加工者,用于溯源的定责。同时,还需要记录整个加工过程,将加工环境的图片数据上传。

② 记录红枣仓储托运数据。Org2 首先需要记录仓储的条件,接着仓储完毕之后需要交由专门的司机进行托运,将红枣托运到各地的零售商,Org2 需要记录司机的信息,整个托运的过程以及上传托运的环境图片。

③ 售卖精加工红枣。Org2 需要记录售卖价格和转让当前红枣批次的所有者。

红枣供应链的最后一个关键节点是 Org3(零售商),零售商并不需要记录售卖的信息,售卖数据也无法决定红枣的质量,Org3 作为 Org1 和 Org2 对接的关键节点,将接口开放给消费者,用于质量溯源。

Org3 的功能需求主要包括以下两个。

① 查看红枣溯源信息。这是 Org3 的核心功能,消费者通过 Org3 提供的接口对整个红枣批次进行质量溯源。

② 记录私有交易数据。和枣农的私有交易也涉及红枣所有者的转换,这里,零售商同样可以选择由自己记录。

3. 非功能性需求分析

非功能性需求是红枣供应链溯源平台非常重要的一环,需要得到相关保证使得平台得到更好的使用。

① 可用性需求。对于操作该平台的用户来说,系统应该是易于使用的,所有的操作都应该一眼就明白如何操作。尤其是对于红枣种植户来说,枣农需要傻瓜式操作以将红枣种植数据迅速上链。对于系统来说,系统的反馈速度必须快,不能影响用户的操作体验。

② 可拓展性需求。系统应该易于扩展。本章研究的平台总会有不完善的点,为了方便后续进一步增加功能,平台必须保证较高的可拓展性。同时可拓展性也在一定程度上降低了维护的难度,也降低了区块链运维人员的工作难度。

③ 安全性需求。平台需要在链上链下存储数据,平台也要保证链下数据不易丢失,链上链下数据对应。针对私有交易数据,平台必须保证 Org3 不能查看交易的具体内容,只有 Org1 和 Org2 具有查看权限。

3.5.2 溯源平台概要设计

红枣供应链溯源平台的概要设计遵循由大到小的原则给出整个平台的设计思路,首先聚焦本小节的重点——红枣供应链溯源前后端平台架构设计,然后给出红枣供应链溯源平台的功能模块设计。

1. 前后端溯源平台架构设计

由于前后端是分离的,所以该架构主要由两部分构成,分别为后端逻辑层和前端可视层，具体的架构设计如图 3-10 所示，本小节将对这两层进行详细的介绍。

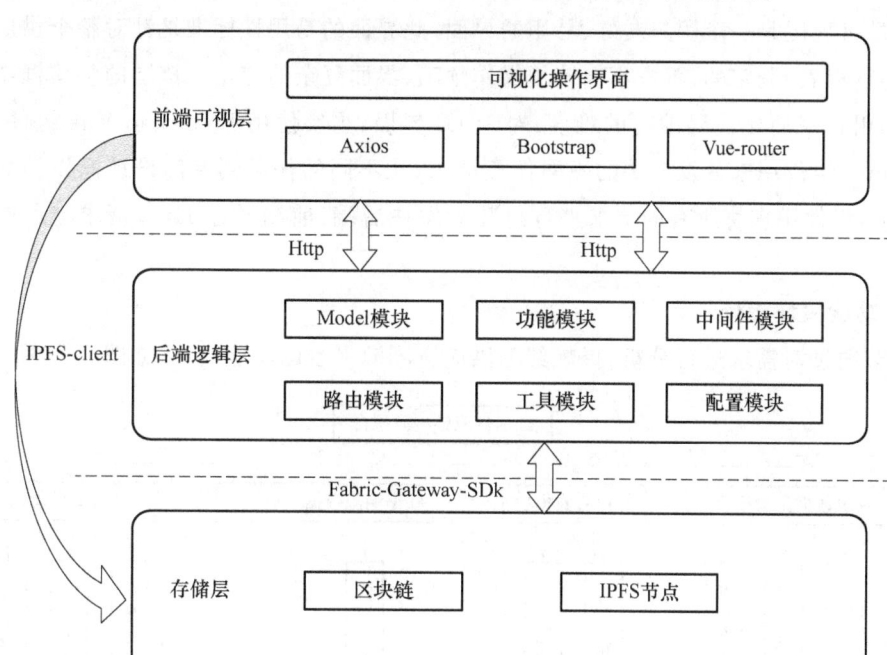

图 3-10 溯源平台的架构设计

(1) 存储层

图 3-10 增加了一个存储层，这是必要的。可视化的溯源平台需要对存储层进行读写。后端逻辑层使用官方提供的 Fabric-Gateway-SDK 调用部署在区块链上的智能合约对账本进行读写。图片存储在 IPFS 节点上，由于图片并不打算存储在链上，因而直接在前端利用 IPFS-client API 将图片上传至 IPFS 节点，返回的内容索引哈希再由后端逻辑层和其他上链数据打包存入区块链，形成"链上索引，链下存储"的结构。

(2) 后端逻辑层

后端逻辑层是具体业务逻辑的实现层，分为多个模块。配置模块主要实现身份的动态配置，该模块主要是为整个业务逻辑提供身份证书，提供对区块链的操作权限。工具模块主要实现获取整个区块链的信息，将获取到的区块链信息提供给其他模块，供其他模块调用。路由模块实现业务逻辑功能操作的分发，将不同的操作分配给不同的业务逻辑实现单位。中间件模块解决跨域问题。Mode 模块是对读写数据的抽象，通过抽象统一规定写入区块链的数据是什么结构，读取区块链后的数据将以什么形式组成，以便功能模块调用。功能模块负责响应用户的输入，实际上是对用户的输入进行处理后，调用区块链的智能合约对账本进行读写，功能模块是包含相关利益者需要的所有功能，具体内容将在功能模块设计部分介绍。

(3) 前端可视层

前端可视层是一个用户友好、易用的界面,此界面的易用性标准是针对整个供应链的关键节点(枣农)制定的,枣农不会使用操作烦琐、界面复杂的应用。该层的整体框架使用 Vue.js,用它来简化代码编写的难度;对于 UI 界面,主要使用 Bootstrap-Vue 组件美化;Vue-router 组件用来分发前端的不同任务请求,让不同的任务到专门设计操作的界面进行;Axios 组件用来将所有的请求进行封装后发往后端,前端通过 Http 请求与后端进行交互。

2. 功能模块设计

本节通过对需求进行分析,提炼红枣供应链溯源平台的功能模块,如图 3-11 所示。

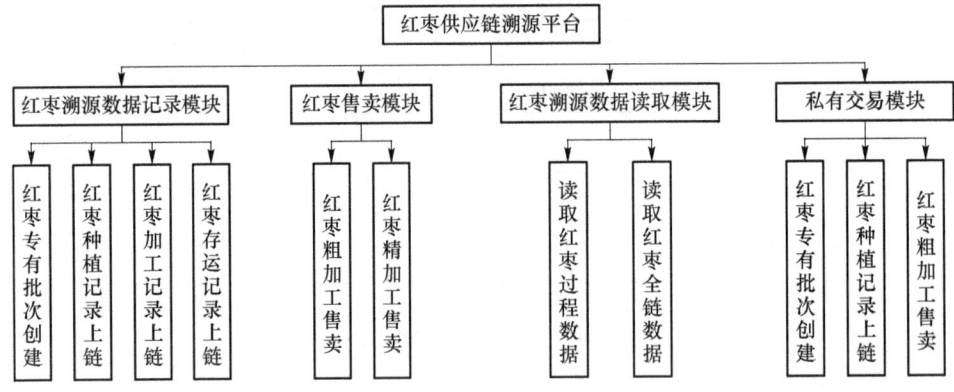

图 3-11 平台功能模块图

本章所提出的红枣供应链溯源平台主要由 4 个功能模块组成,分别为红枣溯源数据记录模块、红枣售卖模块、红枣溯源数据读取模块和私有交易模块。

① 红枣溯源数据记录模块的主要功能有红枣专有批次创建、红枣种植记录上链、红枣加工记录上链和红枣存运记录上链。红枣专有批次是整个供应链红枣数据的唯一键,通过该键值可以查找账本中对该批次红枣的所有操作。红枣种植记录上链、红枣加工记录上链和红枣存运记录上链对应红枣供应链中关键节点对红枣数据的记录过程。

② 红枣售卖模块的主要功能有红枣的粗加工售卖和红枣的精加工售卖,这两个功能分别对应红枣被枣农采摘后售卖给加工商与红枣加工后被加工商售卖给零售商这两个场景,这两个功能主要是记录资金流的信息。

③ 红枣溯源数据读取模块的主要的功能有读取红枣过程数据和读取红枣全链数据。读取红枣过程数据用于帮助监管部门在各个过程中查看相关的记录,读取红枣全链数据则是让消费者在拿到红枣产品后能够查看其全部的溯源数据。

④ 私有交易模块的主要功能有红枣专有批次创建、红枣种植记录上链和红枣粗加工售卖。这些功能主要是专门提供给枣农与零售商之间的,具体功能所能完成的任务和普通交易是相同的。

3.5.3 溯源平台功能模块详细设计与实现

本小节对概要设计划分的功能模块进行说明,首先通过流程图展示不同模块的功能如何使用,然后通过时序图给出平台各个组件间的调用关系,最后给出实现的具体的前端界面效果。

1. 红枣溯源数据记录模块的详细设计与实现

该模块的 4 个功能模块中,红枣专有批次创建功能是其他功能的基础,红枣种植记录上链、红枣加工记录上链和红枣存运记录上链这 3 个功能除了上链数据是不同的,其他都是相同的,并且它们都需要在红枣专有批次已经创建成功的基础上实现。由于红枣专有批次创建功能较为简单,这里主要介绍红枣种植记录上链功能,该功能需要结合红枣专有批次创建功能。

红枣种植记录上链流程如图 3-12 所示。

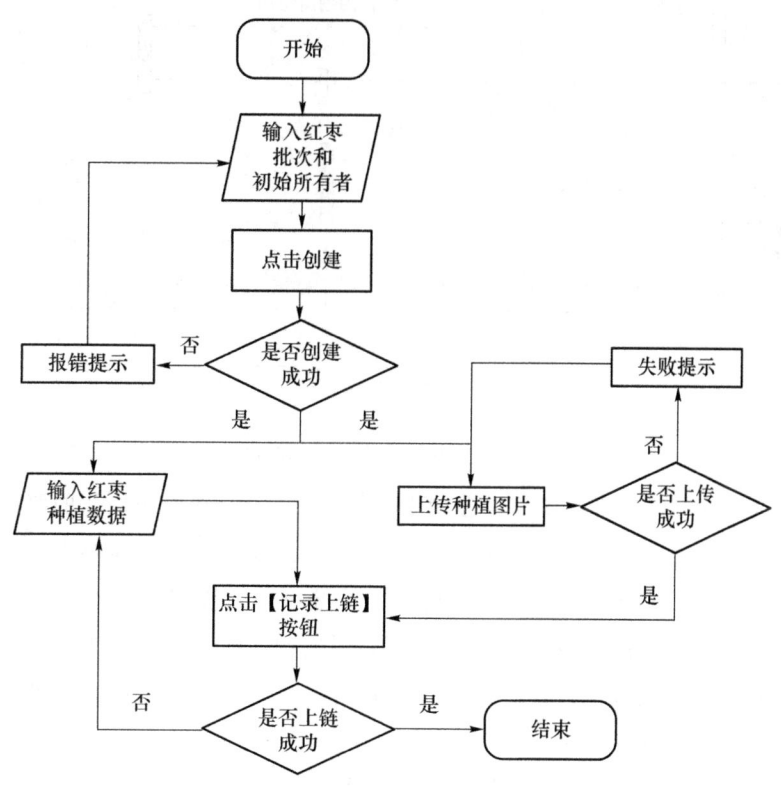

图 3-12 红枣种植记录上链流程图

红枣种植记录上链是该平台中操作较为复杂的功能。红枣种植记录上链的前提是区块链中必须存在红枣批次。红枣批次是追溯的唯一键值,消费者和监管部门需要通过该键值自后向前追溯红枣数据。

红枣种植记录上链首先需要创建红枣唯一的批次,同时需要输入初始的红枣批次所有者。如果创建失败，平台将会给出错误提示，并且可以再次创建。

红枣批次创建成功后，就可以在界面中输入与红枣种植相关的文本数据，同时需要将现场照片上传至 IPFS，如果上传失败，则会出现提示，并且可以再次上传，当图片上传成功后，平台会有提示并且会在内部返回图片的内容索引哈希。

当红枣的文本数据已经输入完成且图片已经上传成功时，可以点击最后的【记录上链】按钮，最终红枣的所有种植记录将保存在区块链上。如果红枣种植记录创建失败，同样可以在界面中重新输入相关种植记录，点击【记录上链】按钮。

红枣种植记录上链的时序图如图 3-13 所示。

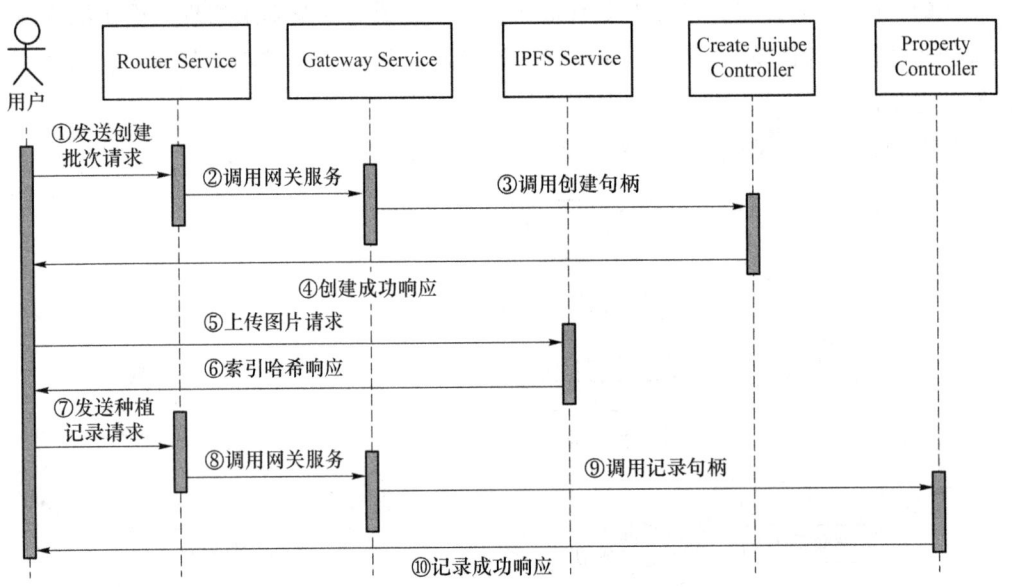

图 3-13　红枣种植记录上链时序图

根据图 3-13 可以看出，首先前端会调用 Router Service 获取该操作的路由服务，路由服务会启动 Gateway Service，连接到 Hyper Ledger Fabric 网络。连接成功之后，进程会调用 Create Jujube Controller 中的具体智能合约接口向区块链中写入，用户同时在前端调用 IPFS Service。当用户获得了 IPFS 内容索引哈希和创建红枣批次成功的消息，则发起 Record Property 消息请求，直到调用了 Property Controller 中的相关智能合约接口，最终完成红枣种植记录上链的操作。

红枣种植记录上链功能最终实现的前端界面如图 3-14 所示。

从图 3-14 可以看出具体所需的相关文本数据在输入框中已经有了文字提示。对于红枣生长环境的图片上传，有一个具体的上传到 IPFS 的图片按钮，除了红枣 ID 是必需的，其他的数据并不是必需的，可以分阶段进行输入，这取决于 Org1 自行决定的记录顺序。

图 3-14　红枣种植记录上链前端界面

2. 红枣售卖模块的详细设计与实现

红枣售卖模块中包含两个功能，分别是红枣的粗加工售卖和红枣的精加工售卖，这两个功能提供给 Org1 和 Org2 使用。

由于本章研究提出了一个基于双工作流的红枣溯源智能合约算法，故 Org1 在进行粗加工售卖时可以选择将粗加工的红枣卖给加工商/中间商，或者通过私有交易工作流创建的单独信道将粗加工红枣售卖给零售商。

Org2 的精加工红枣售卖是传统线性供应链常见的溯源信息流动方向，红枣批次会流向零售商。

本质上两个功能的作用是相同的，在 Org1 与 Org2 的操作过程中用户并不会察觉出内部工作流程的不同，只是记录资金流的变化并且记录最新的红枣批次拥有者。这是本平台高度抽象的体现，本平台可用性很强。

这里以红枣的粗加工售卖功能为例，其流程图如图 3-15 所示。

从图 3-15 可以看出，红枣粗加工售卖的操作步骤是十分简单的，这符合需求分析所明确的可用性需求，Org1 下的用户只需要简单地输入红枣批次、新的所有者和售出的价格就完成了数据的输入，接下来点击【售出】按钮就可以将资金流数据等记录在链上。如果售出不成功，会返回报错提示，用户只需要重新输入即可。

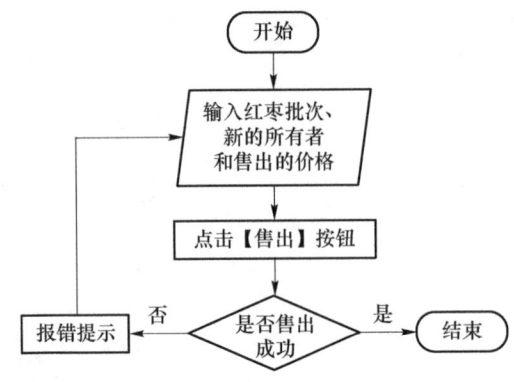

图 3-15　红枣粗加工售卖流程图

红枣粗加工售卖的时序图如图 3-16 所示。

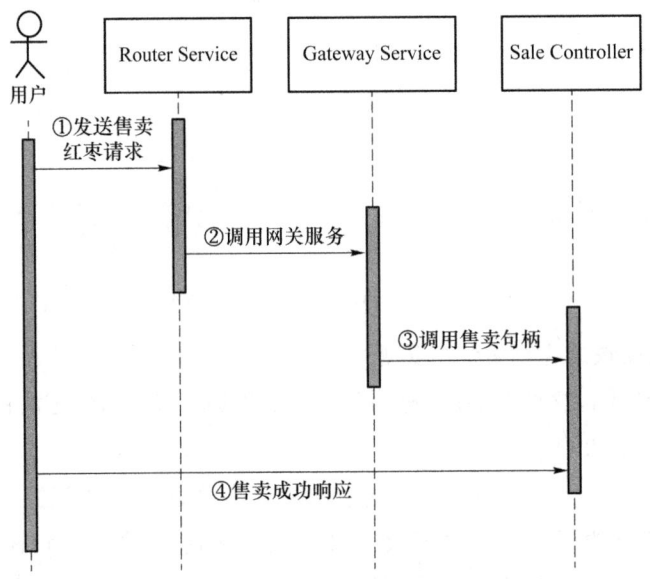

图 3-16　红枣粗加工售卖时序图

从图 3-16 可以看出,红枣粗加工售卖并不需要许多功能组件参与。首先,前端会调用 Router Service 获取该操作的路由服务,路由服务会首先启动 Gateway Service,连接到 Fabric 网络,这是所有请求都需要的。连接成功之后,进程会调用 SaleController 中的具体智能合约接口向区块链中写入,最终完成红枣粗加工售卖的操作。参与功能组件较少的原因是在编码过程中采取了"高内聚"的思想,将售卖的具体调用内聚在 Sale Controller 组件中。

红枣售卖模块最终实现的前端界面如图 3-17 所示。

从图 3-17 可以看出,不管粗加工售卖还是精加工售卖,售卖所需提供的数据都是相同的。同样地,价格和新的所有者并不需要一次就完成上链,这取决于 Org1 和 Org2 下的用户是如何决定的。

图 3-17　红枣售卖模块前端界面

3. 红枣溯源数据读取模块的详细设计与实现

红枣溯源数据读取模块包含两个功能,分别是红枣的过程数据读取和红枣的全链数据读取。红枣的过程数据读取功能是提供给监管部门使用的,监管部门可以使用多个组织的身份;红枣的全链数据读取功能是提供给消费者的,让消费者能够完整溯源。这里以红枣的全链数据读取功能为例,其流程图如图 3-18 所示。

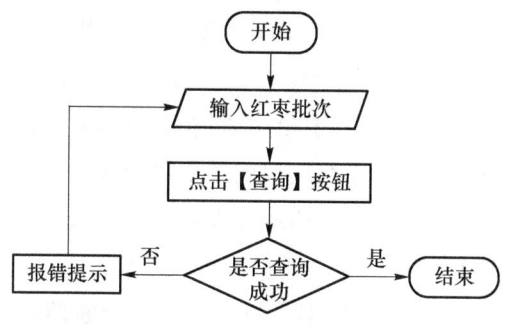

图 3-18　红枣全链数据读取流程图

从图 3-18 可以看出,红枣全链数据的读取功能的操作同样十分简单,Org3 下的用户只需要简单地输入红枣批次就完成了数据的输入,接下来点击【查询】按钮就可以将自枣农至零售商的所有供应链关键节点输入的溯源信息全部查询出来。消费者可以查看资金流的数据,可以看到每个节点的溢价情况,从而对整个红枣产品质量有更清楚的判断。如果查询不成功,会返回报错提示,用户只需要重新输入即可。该功能的操作十分简单,但仍需要消费者手动输入红枣批次编号,后续可以对前端页面进行更简单化的修改,将输入改成二维码扫描,即可完成查询工作,其后端的逻辑是一致的。

红枣全链数据读取的时序图如图 3-19 所示。

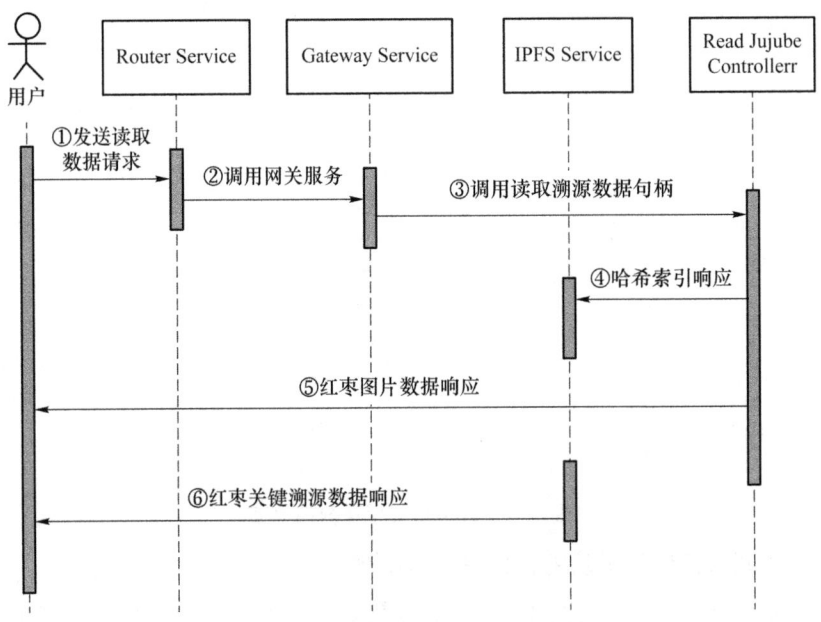

图 3-19　红枣全链数据读取时序图

从图 3-19 可以看出,首先,前端会调用 Router Service 获取该操作的路由服务,路由服务会首先启动 Gateway Service,连接到 Fabric 网络。连接成功之后,进程会将 Read Jujube 的消息发送给 Read Jujube Controller 处理,Controller 会调用具体的智能合约接口获取存储在链上的 IPFS 内容索引哈希和其他所有的文本数据,Controller 会将溯源的文本数据发送给用户,同时通过内容索引哈希通过 IPFS Service 进行寻址,获取溯源图片后将内容一起传送给用户。消费者最终获取到了全部溯源数据。

红枣溯源数据读取模块最终实现的前端界面如图 3-20 所示。

红枣的过程数据读取和红枣的全链数据读取所使用的前端界面是相同的,读取功能不应设定不同的界面以示区分,只要根据身份材料进行判断即可。这使得后续添加类似的功能更加方便了,只需要在后端逻辑中增加判断即可,前端界面可以复用,这体现了需求分析中要求的可拓展性需求。

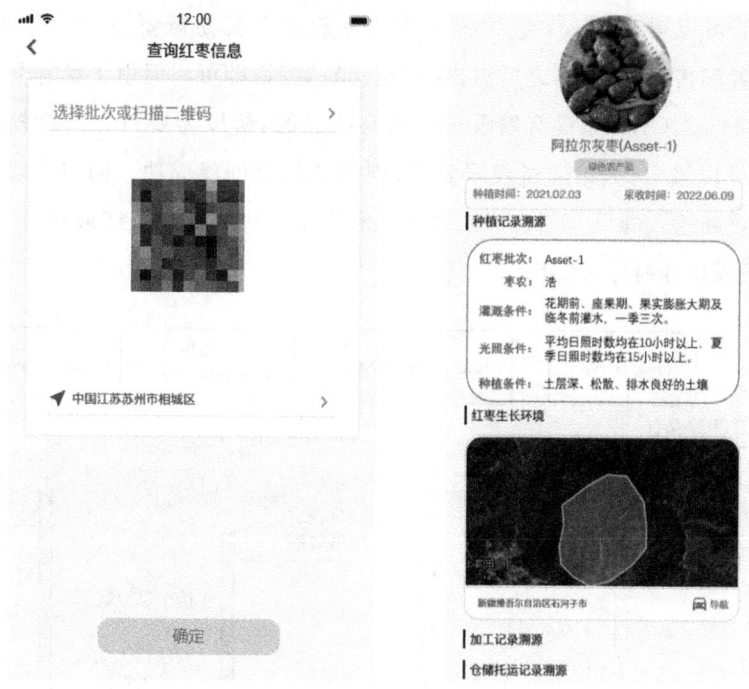

图 3-20　红枣溯源数据读取模块前端界面

4. 私有交易模块的详细设计与实现

该模块的共有 3 个功能,分别为红枣专有批次创建、红枣种植记录上链和红枣粗加工售卖。这 3 个功能共同完成了一笔枣农与零售商之间的私有交易,该模块可以看作一个完整的功能,即私有交易功能。该模块只会在枣农和零售商之间发起,加工商没有发起私有交易的权限。私有交易模块流程图如图 3-21 所示。

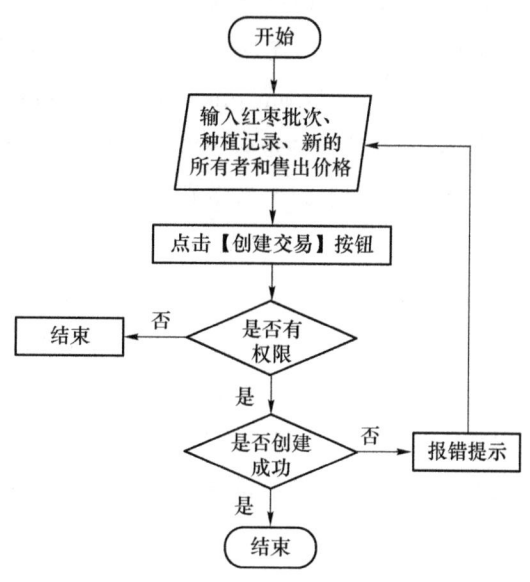

图 3-21　私有交易模块流程图

从图 3-21 可以看出，Org1 组织下的用户发起私有交易需要输入红枣批次、种植记录、新的所有者和售出的价格，之后点击【创建交易】按钮即可。但由于私有交易的参与者只有 Org1 和 Org3，Org2 是没有权限进行私有交易的，所以需要首先判断权限。如果没有权限，则不可以输入；如果通过权限验证，则判断是否创建成功。创建失败会给出错误提示，只需要重新输入即可。创建成功则该笔私有交易内容已经上链成功。

私有交易模块的时序图如图 3-22 所示。

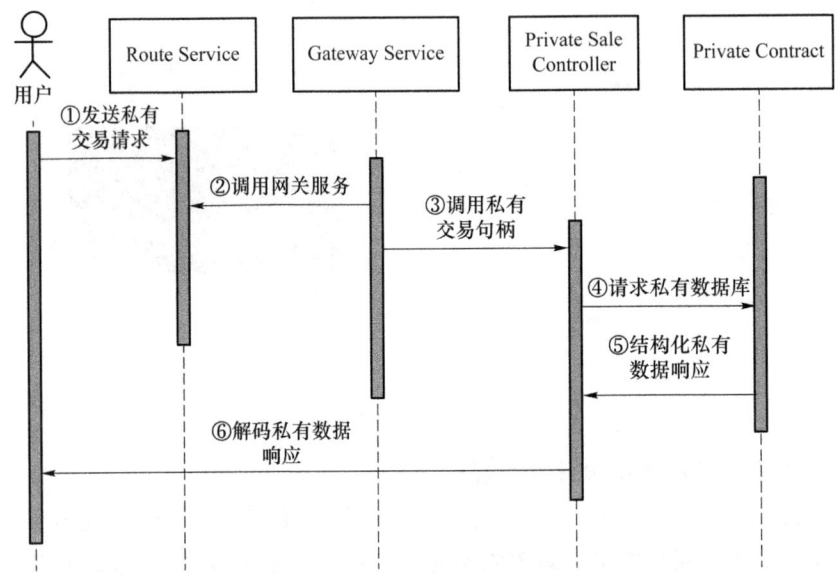

图 3-22　私有交易模块时序图

首先，前端发送 Private Transaction 消息会调用 Router Service 获取该操作的路由服务，路由服务会首先启动 Gateway Service，连接到 Fabric 网络。连接成功之后，进程会调用 Private Sale Controller 中的逻辑。该 Controller 会对用户身份进行判断，并将消息向后传递给特定的私有交易智能合约，该合约是向一个特别的 collection 数据库进行写入数据。在该智能合约中同样会有身份判定，这是链级别的自动判断，最终创建成功的消息会首先返回给 Controller，并由 Controller 返回到前端。

私有交易模块最终实现的前端界面如图 3-23 所示。

私有交易模块和红枣种植记录上链等功能是类似的，不需要上传种植的图片。这是由于私有交易中的枣农和零售商应该是互相信任的，如果不互相信任就不会再有后续的私有交易了。取消上传溯源图片可以进一步提升整个平台的性能。在这里，Org2 的用户是无法创建成功的，这体现了需求分析中要求的安全性需求。

图 3-23 私有交易模块前端界面

本章参考文献

[1] 李志刚,姚婷婷. 新疆红枣产业封闭供应链建模研究——以阿克苏地区为例[J]. 食品工业, 2017, 38(3): 179-183.

[2] 李文春, 乔园园, 王程虎, 等. 新疆红枣质量安全存在的问题及其控制对策[J]. 现代农业科技, 2019(23): 2-4.

[3] FENG H H, WANG X, DUAN Y Q, et al. Applying blockchain technology to improve agri-food traceability: A review of development methods, benefits and challenges[J]. Journal of Cleaner Production, 2020, 260: 121031.

[4] WANG S P, LI D Y, ZHANG Y L, et al. Smart contract-based product traceability system in the supply chain scenario[J]. IEEE Access, 2019, 7: 115122-115133.

[5] LU Q H, XU X W. Adaptable blockchain-based systems: A case study for product traceability[J]. IEEE Software, 2017, 34(6): 21-27.

[6] JEONG K, HONG J D. The impact of information sharing on bullwhip effect

reduction in a supply chain[J]. Journal of Intelligent Manufacturing, 2019, 30(4): 1739-1751.

[7] HERNANDEZ J E, MORTIMER M, PANETTO H. Operations management and collaboration in agri-food supply chains[J]. Production Planning & Control, 2021, 32(14): 1163-1164.

[8] CHERNYSHEV M, BAIG Z, BELLO O, et al. Internet of Things (IoT): Research, simulators, and testbeds[J]. IEEE Internet of Things Journal, 2018, 5(3): 1637-1647.

[9] 聂鹏程, 张慧, 耿洪良, 等. 农业物联网技术现状与发展趋势[J]. 浙江大学学报(农业与生命科学版), 2021, 47(2): 135-146.

[10] 蒋广鑫, 杨联安, 谢元礼, 等. 面向农产品溯源的二维码信息及 APP 设计[J]. 安徽农业大学学报, 2020, 47(5): 863-868.

[11] 李宏然, 刘少雄. 基于二维码技术的农产品溯源系统设计与实现[J]. 电脑知识与技术, 2020, 16(31): 31-33.

[12] 李帅, 宋海燕. 农产品溯源二维码加密与纠错功能设计与实现[J]. 农业工程, 2022, 12(3): 47-51.

[13] 王泽, 曹莉莎. 散列算法 MD5 和 SHA-1 的比较[J]. 电脑知识与技术, 2016, 12(11): 246-247, 249.

[14] 孙怡宁, 黄秋, 胡剑浩. Reed-Solomon 码概率软译码算法增强技术[J]. 中国科学(信息科学), 2021, 51(8): 1331-1344.

[15] 张垒, 刘双印, 曹亮, 等. 基于农产品溯源的二维码防伪系统设计[J]. 通信技术, 2018, 51(11): 2721-2726.

[16] RAHMAN L F, ALAM L, MARUFUZZAMAN M, et al. Traceability of sustainability and safety in fishery supply chain management systems using radio frequency identification technology[J]. Foods, 2021, 10(10): 2265.

[17] REGATTIERI A, GAMBERI M, MANZINI R. Traceability of food products: General framework and experimental evidence[J]. Journal of Food Engineering, 2007, 81(2): 347-356.

[18] BARGE P, BIGLIA A, COMBA L, et al. Radiofrequency IDentification for meat supply-chain digitalisation[J]. Sensors, 2020, 20(17): 4957.

[19] GRUNOW M, PIRAMUTHU S. RFID in highly perishable food supply chains – Remaining shelf life to supplant expiry date?[J]. International Journal of Production Economics, 2013, 146(2): 717-727.

[20] BISWAL A K, JENAMANI M, KUMAR S K. Warehouse efficiency

improvement using RFID in a humanitarian supply chain: Implications for Indian food security system[J]. Transportation Research Part E: Logistics and Transportation Review, 2018, 109: 205-224.

[21] ZHANG Y J, WANG W S, YAN L, et al. Development and evaluation of an intelligent traceability system for waterless live fish transportation[J]. Food Control, 2019, 95: 283-297.

[22] ANTONUCCI F, FIGORILLI S, COSTA C, et al. A review on blockchain applications in the agri-food sector[J]. Journal of the Science of Food and Agriculture, 2019, 99(14): 6129-6138.

[23] JUMA H, SHAALAN K, KAMEL I. A survey on using blockchain in trade supply chain solutions[J]. IEEE Access, 2019, 7: 184115-184132.

[24] KSHETRI N. 1 Blockchain's roles in meeting key supply chain management objectives[J]. International Journal of Information Management, 2018, 39: 80-89.

[25] LU Y. The blockchain: State-of-the-art and research challenges[J]. Journal of Industrial Information Integration, 2019, 15: 80-90.

[26] 孙知信，张鑫，相峰，等. 区块链存储可扩展性研究进展[J]. 软件学报, 2021, 32(1): 1-20.

[27] CHEN Y L, LI H, LI K J, et al. An improved P2P file system scheme based on IPFS and Blockchain[C]//2017 IEEE International Conference on Big Data (Big Data). Boston, MA, USA. IEEE, 2017: 2652-2657.

[28] SALAH K, NIZAMUDDIN N, JAYARAMAN R, et al. Blockchain-based soybean traceability in agricultural supply chain[J]. IEEE Access, 2019, 7: 73295-73305.

[29] LENG K J, BI Y, JING L B, et al. RETRACTED: Research on agricultural supply chain system with double chain architecture based on blockchain technology[J]. Future Generation Computer Systems, 2018, 86: 641-649.

[30] WANG L, XU L Q, ZHENG Z Y, et al. Smart contract-based agricultural food supply chain traceability[J]. IEEE Access, 2021, 9: 9296-9307.

[31] VIOLINO S, PALLOTTINO F, SPERANDIO G, et al. A full technological traceability system for extra virgin olive oil[J]. Foods, 2020, 9(5): 624.

[32] TIAN F. An agri-food supply chain traceability system for China based on RFID & blockchain technology[C]//2016 13th International Conference on Service Systems and Service Management (ICSSSM). Kunming. IEEE, 2016: 1-6.

[33] LIMM K, LI Y, WANG C, et al. A literature review of blockchain technology applications in supply chains: A comprehensive analysis of themes, methodologies and industries[J]. Computers & Industrial Engineering, 2021, 154: 107133.

[34] SABERI S, KOUHIZADEH M, SARKIS J, et al. Blockchain technology and its relationships to sustainable supply chain management[J]. International Journal of Production Research, 2019, 57(7): 2117-2135.

[35] BAI C, SARKIS J. A supply chain transparency and sustainability technology appraisal model for blockchain technology[J]. International Journal of Production Research, 2020, 58(7): 2142-2162.

[36] BEHNKE K, JANSSEN M F W H A. Boundary conditions for traceability in food supply chains using blockchain technology[J]. International Journal of Information Management, 2020, 52: 101969.

第 4 章　新疆红枣市场供销决策技术

4.1　新疆红枣市场大数据研究

4.1.1　研究背景

我国的红枣产量占全球的 90% 以上，我国也是世界红枣主要生产国，红枣产业作为我国重要的农业产业之一，近年来得到了充足的发展，随着新疆红枣产业规模的扩大、从业人员的增多，目前新疆红枣市场供销决策仍然存在一系列问题，如信息不对称、供需失衡、销售渠道单一等，这些都严重制约了红枣市场的发展。构建新疆红枣供销决策平台，有利于促进新疆红枣的产业化，提高现代化生产水平。

知识图谱最早是由 Google 提出的概念，是一种将知识组织表示为图结构的方法，它用实体、关系和属性等元素描述事物之间的联系和内在属性。知识图谱的核心是构建和维护一个包含实体、关系和属性的图数据库。

复杂网络技术是一种研究和分析复杂系统中节点之间相互连接和交互关系的方法和工具。从大型电力网络到万维网，从生态系统到动物群体社会关系，在人类社会及自然界中存在着大量的复杂系统，而复杂系统正好可通过各种各样的复杂网络来描述。

本章拟综合利用知识图谱建模技术、复杂网络技术，建立基于新疆兵团红枣大数据的红枣市场流通知识图谱模型，进而构建基于复杂网络技术的新疆兵团红枣生产、流通、消费 3 层结构的市场营销模型，对新疆兵团红枣市场情况进行大数据的展示和部分预测，实现新疆兵团红枣从生产到销售的结构智能优化。

4.1.2　研究的意义

红枣是新疆地区的一种重要特产，具有丰富的营养价值和医药价值。首先，通过研究红枣市场供销决策平台，我们可以更好地了解市场需求和消费者喜好，有助于优化供应链管理，提高产品质量和供应效率。其次，红枣产业是新疆地区的支柱产业之一，对于促进当地经济发展、增加农民收入具有重要意义。通过建立供销决策平台，可以实现信息的共享和交流，提高产业链的透明度和效率，帮助农民更好地了解市场动态和价格趋势，降低信息不对称带来的风险。此外,红枣市场供销决策平台的研究也有助于提升新疆红枣的品牌影响力和市场竞争力。通过建立统一的市场标准和质量认证体系,可以确保红枣产品的质量和安全性,增加消费者的信任度和满意度。再次,通过市场数据的分析和预测,可以为企业制定科学合理的供销策略,提高市场竞争力。最后,红枣市场供销决策平台的研究对于推动农业现代化和农村经济发展也具有积极意义。通过引入先进的信息技术和管理方法,可以提高农业生产的智能化水平,推动农村产业结构的升级和转型,促进农民增收致富。此外,建立供销决策平台还可以为政府提供决策参考,有助于政府制定相关政策和措施,促进农业可持续发展和农村经济的繁荣。综上所述,新疆红枣市场供销决策平台的研究对于优化供应链管理、推动农业现代化、提升红枣品牌影响力和促进农村经济发展具有重要的意义。

4.2 新疆红枣市场大数据分析

4.2.1 新疆红枣产品知识图谱的构建

知识图谱(Knowledge Graph)是一种用于描述和表示知识的结构化图谱。它通过将实体、概念和关系等知识元素进行链接和组织,构建出一个具有语义关联的知识网络。知识图谱是对现实世界中各种实体、概念和关系的抽象和建模,可以用于存储和查询大规模的结构化和半结构化知识,以实现智能化的推理和应用。新疆红枣供销平台的知识库是由多种类型的语义信息资源组成的数据集,其中包含了丰富的知识语义、规则、概念、事实和公理等信息内容。知识库中的实体表示知识图谱中的节点,而知识库中的事实表示知识图谱中的边,节点表示不同的红枣品种、供应商、销售渠道等内容,边表示不同实体之间的联系。在新疆红枣供销平台的知识库中,本体是一个比较抽象的存在,用来表示知识库本身且其更加关注知识库内知识概念之间的关系。本体可以包含红枣品种的分类、供应商的资质等信息,通过定义和描述这些概念之间的关系,可以更好地组织和管理知识库中的信息。例如,在新疆红枣供销平台的知识库中,我们可以定义不同红枣品种的分类,如骏枣、灰枣、玉枣等,每个品种都可以具有自己独特的品质特点和产地信息。同时,我们还可以定义供应商的资质等级,如一级供应商、二级供应商等,以便更好地管理供应商的信誉和服务质量。为了提高知识图谱的运行速度和简化本体的复杂度,我们可以利用实体扩充的方式代替部分本体。例如,我们可以通过扩充红枣品种的实体的方式,将不同品种的红枣作为节点,而不需要在本体中详细定义每个品种的特性。这样可以降低本体的复杂程度,提高知识库的运行效率。知识库是知识图谱的基础,用于存储和管理知识。两者相辅相成,共同为各种应用场景提供知识服务和支持。

知识图谱在构建过程中使用的技术架构如图 4-1 所示,主要分为 3 部分:知识抽取、知识表示及知识存储。首先,我们利用知识抽取的方式从原始数据库中对知识实体进行抽取;然后,使用知识融合技术将抽取后的实体与第三方数据库进行融合;最后,将其以三元组的形式存入知识图谱数据层。下面将具体介绍这几个主要环节。

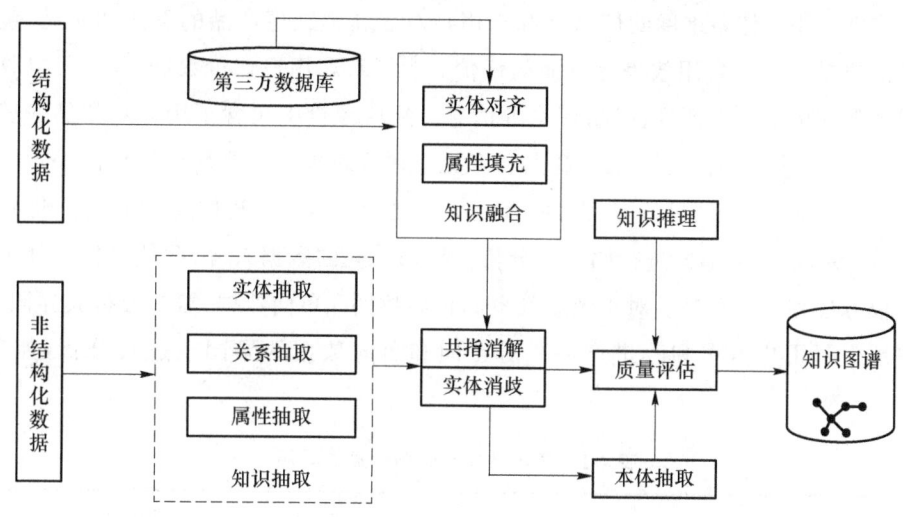

图 4-1　知识图谱构建技术架构

知识图谱构建预处理阶段是构建一个完整、准确、可用的知识图谱的关键步骤。本章将从语料收集、清洗,到新词发现,再到筛选行业关键词,描述整个预处理阶段。首先,语料收集是知识图谱构建预处理阶段的第一步。语料有多种获取渠道,如互联网上的文章、论文、新闻、博客等。根据从新闻报道、行业报告、市场调研、兵团汇总和网络收集到的新疆红枣市场数据,收集到的语料广泛涵盖相关领域的知识,为后续的知识抽取和构建提供基础。

筛选行业关键词是知识图谱构建预处理阶段的重要步骤,其目的是从语料中筛选出在特定领域中具有重要意义的关键词。例如,在新疆红枣市场数据中,我们可以选择的评价指标包括红枣品种、销量、红枣等级、大小等。在使用收集到的不同数据对不同对象进行评价和比较时,我们可以使用聚类算法将对象进行分组,找出具有相似评价指标表现的对象。通过聚类分析,我们可以发现不同对象之间的相似性和差异性,以及它们在行业关键词上的关联。我们也可以使用常用的机器学习算法来建立对象评价模型。通过训练模型,我们可以根据行业关键词的权重和重要性,给不同对象打分或排名。

层级划分可以提高知识图谱的结构化和可读性。行业关键词的层级划分可以根据其在知识图谱中的重要性和关联性进行。根据关键词的主题、功能、属性等特点,对其进行分类,例如,在新疆红枣市场中,根据红枣品种进行分类,红枣可以分为骏枣、灰枣、玉枣。一般来说,行业关键词可以分为核心关键词、一级关键词、二级关键词等不同层级,可以使用树状结构或图状结构表示关键词之间的层级关系。对构建的层级结构进行评估,并根据需要进行调整,考虑关键词之间的关联性、重要性等因素,对层级结构进行优化和调整,以符合实际情况和需求。

新疆红枣产品知识图谱的另一个重要构成部分是红枣需求市场图谱,其中,维度是用户体验维度。用户体验维度的信息来源于用户对于新疆红枣产品的看法和意见,包括用户对产品质量、口感、食用效果等方面的评价。为了获取用户评价数据,我们可以收集消费者对新疆红枣的口碑评价、产品评论等信息。这些评价中包含了用户对产品的满意和不满意的点,代表了用户对产品的观点和意见。评价对象可以是新疆红枣的外观、口感、营养价值等方面,评价词可以是甜、香、脆、大、好吃等。最后,我们将抽取的评价结果以"评论对象-评论词"的形式进行储存和分析。根据不同的数据来源,我们可以选择不同的实体抽取方法和分析策略。对于新疆红枣的正向数据和负向数据,需要分析其异同点,以便更好地理解用户需求和改进产品。对正向和负向数据的异同点进行分析,如表4-1所示。

表4-1 负向数据与正向数据的异同

	负向数据	正向数据
相同点	评价对象与评价词相对应,一个评价对象可能对应多个评价词	
不同点	评价对象及评价词特征形式较为固定,用户对于红枣产品出现的问题表述形式较为单一	评价词的特征形式较为模糊,用户表述形式较为复杂,不易提取

针对上述两类数据的不同点和评价词的特点,我们设计了不同的实体抽取方法。负向数据主要采取基于规则的抽取方法,正向数据则主要采用基于CRFs模型的抽取方法。

1. 基于规则的抽取方法

相较于其他数据,负向数据较为规范,评价对象和评价词的特征也较为明显,评价对象为红枣产品专有名词,并且负向数据中专有名词的形式和表达都具有极强的规范性,基本无缩略词、谐音词和错别词。评价词在评价对象后,且多为动词和形容词,与评价对象的距离在4个词之内。因此,负向数据选用基于规则的抽取方法,本章设计的简单抽取规则如下:

①对语料集中的每一条负向数据进行分词及词性标注等的数据预处理,对于分词之后的文本内容,利用停用词表去掉数据中的停用词,将其余词语写入词列表;②定义需要抽取的实体集合,这里的集合使用构建的新疆红枣领域专业词词典,如产地、干重、茎柄、色泽等;③遍历每条文本内容,遇到实体集合中的词标为1;④找到实体集合中的词,依据实体找到在其后4个词之内第一次出现的形容词或动词,其余词语删除;⑤对每条文本内容的抽取结果进行统一的整理,将格式整理为"评论对象评论词"。

本章研究选取了7 162条负向数据,首先对语料进行预处理,然后按如上规则,从语料中抽取出评论对象及评论词,最后对抽取结果进行人工处理。

2. 基于CRFs模型的抽取方法

正向数据的评价对象及评价词的特征较负向数据有所不同。正向数据发布的内容较为随意、规范性差,词语的谐音、缩略情况较为严重,甚至描述中可能存在大量口语、错字,导致评价信息内容不准确,影响评价对象抽取的结果。但评价对象和词之间往往存在直接的依存关系,因此,对于正向数据的抽取,除数据的预处理外,我们还加入了依存句法分析。目前,在评价对象抽取的研究工作中,比较常使用的模型是条件随机场模型,条件随机场模型在中文命名实体识别等任务中表现较好,而抽取评价对象与命名实体识别具有相似性,评价对象抽取也可以看作是为中文序列中每个单词选择正确的评价对象标记的过程,因此,知识图谱抽取主要通过CRFs模型来进行,主要包括数据预处理、模板特征的设计与选择。

① 数据预处理:选取1 635条正向数据作为训练样本集,对上述语料进行分词及词性标注。

② 模板特征的设计与选择:设计条件随机场(CRFs)模板的特征,将所构建的词典引入特征模板中。因此,设计的特征主要包括词法特征(分词及词性标注的结果)、新疆红枣领域专业词典特征、评价特征词典(增加关系词典、正向词典及负向词典)特征、评价对象及评价词之间的依存关系特征(评价对象与评价词之间往往存在直接的依存关系,如主谓关系、定中关系等)、评价对象指示词特征。

机器学习方法给文本情感分析领域带来了新的发展机遇。许多研究人员希望通过机器学习方法从不同角度解决文本情感计算的问题。机器学习方法利用算法构建有效的分类器,以对文本进行情感极性的分类。在2002年,Pang等比较了3种机器学习方法,使用电影评论作为训练集和测试集,发现支持向量机方法效果最优。在2006年,Kim等使用最大熵模型计算句子名词短语中的意见持有者。2012年,谢丽星等提出了一种新的情感分类方法,首先通过使用SVM分类器对句子级别的微博进行分类预测,然后使用基于词典的规则方法对分类器进行训练,最后再使用训练好的分类器对微博进行再次预测分类。2013年,Tomas Mikolov等提出了Word2Vec词嵌入模型,这种方法比之前的所有方法都要快速。过去的方法主要基于n元语法模型和非监督学习,而新兴的方法则更多的基于人工神经网络。2016年,Rajput等采用机器学习方法分析股市评论。Jain等对Twitter中的情感进行分析,采用的是决策树和朴素贝叶斯的方法。2019年,百度发布了ERINE模型,ERINE模型可以通过遮蔽过程隐性地进行知识嵌入。2020年,Hao Tian在情感文本的预训练过程中加入情感知识,取得了一定的成果。机器学习方法的优点是准确性高,但缺点是训练速度较慢,高度依赖数据集。

朴素贝叶斯方法是一种基于贝叶斯定理的常用分类算法。它假设特征之间相互独立,即每个特征对于分类的贡献是独立的,因此称为"朴素"。朴素贝叶斯方法的基本思想是通过已知类别的训练样本来学习每个特征对于每个类别的条件概率分布。在分类时,根据贝叶斯定理和独立性假设,计算出样本属于不同类别的后验概率,然后选择具有最大后验概率的类别作为分类结果。朴素贝叶斯方法的优点是简单、高效,适用于处理大规模数据集。但它也有一些限制,例如对于特征之间存在相关性的数据集,朴素贝叶斯方法的独立性假设可能不成立,导致分类结果不准确。

4.2.2 知识存储

知识图谱是以三元组的形式进行分析知识和表示知识的,而图数据的设计原则是以属性图为底层表示形式的,在这种表现形式下,实体和关系可以包含属性。

新疆红枣市场知识图谱的存储方案主要分为3种存储方式,分别是基于关系数据库的存储方式、基于RDF的三元组数据存储方式和基于原生图的数据存储方式。在关系数据库中,我们可以将红枣市场知识图谱中的实体和属性以三元组的格式存储。通过建立三元组表、水平表或者属性表可以存储三元组数据,例如,将"红枣产地(新疆)价格"这条三元组存储在三元组表中,如表4-2所示。然而,由于红枣市场知识图谱的数据量较大,故当数据都存储在一张数据表中时,删除和添加三元组记录会变得十分麻烦,最终会降低系统的运行速率。基于原生图的数据存储方式可以更好地表示知识图谱的内在构造。在这种方式中,我们可以用节点表示红枣市场知识图谱中的实体和事件等对象,用具有方向标识的边表示不同实体之间的关系。这样便于后期对知识的检索,并且可以精准展示知识图谱的内在构造。目前,关于RDF三元组的数据生成和开发应用需求愈来愈强烈。为了更好地对三元组的数据进行管理与运用,业内已研发出专门的用于存储RDF数据的数据库和基于图结构进行三元组数据存储的图数据库。

表 4-2 新疆红枣市场数据的三元组表

主语	谓语	宾语
灰枣	属于	新疆红枣
灰枣	改善	血液循环
灰枣	价格	20元/斤
灰枣	销量	3 000吨

4.2.3 基于知识图谱的新疆红枣大数据表征模型

为了搭建红枣市场知识图谱,我们需要收集大量关于红枣市场的数据和信息。这些数据均来源于网络公开资源,包括兵团政府统计年鉴、新疆政府统计年鉴、中枣网和部分相关论文等。其中,新疆红枣的生产数据主要来源于统计年鉴和相关论文,销售和流通数据则来自中枣网和部分相关论文。在完成数据的收集后,我们需要对这些非结构化数据进行处理,通过对数据的分析确定影响红枣市场的因素。这些因素包括供需关系、销售和流通等方面的因素等,可以将其与相应的数据进行对应的处理,制作成方便进行下一步图谱处理的表格形式。

首先,将表中名词进行初步的筛选,再选出具体的名词作为实体,如红枣的品种、产地、生产商、销售商等,得出具体的节点,实现实体识别。然后,对节点之间的关系进行分析,找出它们之间可能的关系并进行筛选,从而获得节点之间的关系,实现关系抽取。

下面简述一下知识图谱的初步构建过程,分析三层市场模型数据。首先,分析生产数据并简单地抽取第一层关系,构建第一层生产结构,即各种红枣与师团之间的关系。以骏枣、灰枣、蟠枣、冬枣和师团作为节点,以属于作为关系,构建知识图谱。师的属性为生产面积37.7万亩、产量为61.36万吨,其中1亩=(10 000/15)m^2。由于知识图谱连接工具Py2neo自身的原因,Py2neo的Merge节点合并和产生函数需要根据节点的属性和标签进行合并。为了美观,需要给师设置相同的属性,这是为了在Neo4j图数据库中不会出现多个一师节点。2团的属性为生产面积1.30万亩、产量0.65万吨,3团的属性为生产面积1.00万亩、产量1.86万吨,6团的属性为生产面积0.45万亩、产量0.18万吨,7团的属性为生产面积1.80万亩、产量2.59万吨,8团的属性为生产面积1.45万亩、产量3.53万吨,9团的属性为生产面积4.29万亩、产量8.67万吨,10团的属性为生产面积1.62万亩、产量0.79万吨,11团的属性为生产面积5.63万亩、产量6.87万吨,12团的属性为生产面积2.81万亩、产量1.79万吨,13团的属性为生产面积9.00万亩、产量16.65万吨,14团的属性为生产面积6.05万亩、产量12.82万吨,16团的属性为生产面积2.12万亩、产量4.93万吨,托喀依乡的属性为生产面积0.18万亩、产量0.03万吨。

其次,分析流通数据并抽取第二层关系,构建第二层流通结构,即师团与乌鲁木齐北园春批发市场、河南新郑大枣批发市场、河北沧州崔尔庄红枣批发市场三大红枣集散地之间的关系。以一师、乌鲁木齐北园春批发市场、河南新郑大枣批发市场、河北沧州崔尔庄红枣批发市场三大红枣集散地为节点,以流通市场作为关系构建知识图谱。其中,乌鲁木齐北园春批发市场的属性为地点乌鲁木齐、吞吐量160万吨,河南新郑大枣批发市场的属性为地点河南新郑、吞吐量30万吨,河北沧州崔尔庄红枣批发市场的属性为地点河北沧州、吞吐量为350万吨。

最后,分析销售数据并抽取第三层关系,构建第三层销售结构,即三大红枣集散地与山东、河南、湖北、河北等销售地之间的关系。以山东临沂、山东青岛、河北承德、河北沧州、河北唐山、湖北武汉、河南安阳七大红枣销售地区与三大红枣集散地作为节点,以销售地作为关系构建知识图谱。生产、流通、销售数据如图4-2、图4-3、图4-4所示。

经过红枣三方市场数据收集、数据处理、实体识别和关系抽取这一系列步骤后,可以得到一份包含红枣生产、流通、销售数据的csv文件。为了更好地利用这些数据,我们使用Python库Py2neo将这些数据批量导入到图数据库Neo4j中,从而进一步构建完整的红枣数据知识图谱。具体csv文件如图4-5所示。

	A	B	C	D	E	F	G	H
1	2团	一师(阿拉尔市)	属于	生产团	1.30万亩	0.65万吨	37.7万亩	61.36万吨
2	3团	一师(阿拉尔市)	属于	生产团	1.00万亩	1.86万吨	37.7万亩	61.36万吨
3	6团	一师(阿拉尔市)	属于	生产团	0.45万亩	0.18万吨	37.7万亩	61.36万吨
4	7团	一师(阿拉尔市)	属于	生产团	1.80万亩	2.59万吨	37.7万亩	61.36万吨
5	8团	一师(阿拉尔市)	属于	生产团	1.45万亩	3.53万吨	37.7万亩	61.36万吨
6	9团	一师(阿拉尔市)	属于	生产团	4.29万亩	8.67万吨	37.7万亩	61.36万吨
7	10团	一师(阿拉尔市)	属于	生产团	1.62万亩	0.79万吨	37.7万亩	61.36万吨
8	11团	一师(阿拉尔市)	属于	生产团	5.63万亩	6.87万吨	37.7万亩	61.36万吨
9	12团	一师(阿拉尔市)	属于	生产团	2.81万亩	1.79万吨	37.7万亩	61.36万吨
10	13团	一师(阿拉尔市)	属于	生产团	9.00万亩	16.65万吨	37.7万亩	61.36万吨
11	14团	一师(阿拉尔市)	属于	生产团	6.05万亩	12.82万吨	37.7万亩	61.36万吨
12	16团	一师(阿拉尔市)	属于	生产团	2.12万亩	4.93万吨	37.7万亩	61.36万吨
13	托喀依乡	一师(阿拉尔市)	属于	生产团	0.18万亩	0.03万吨	37.7万亩	61.36万吨

图 4-2　红枣生产数据

	A	B	C	D	E
1	一师(阿拉尔市)1	乌鲁木齐北园春批发市场	新疆乌鲁木齐	批发市场	160万吨
2	一师(阿拉尔市)1	河南新郑大枣批发市场	河南新郑	批发市场	30万吨
3	一师(阿拉尔市)1	河北沧州崔尔庄红枣批发市场	河北沧州	批发市场	350万吨

图 4-3　红枣流通数据

	A	B	C
1	河南新郑大枣批发市场	河南安阳	主要消费地区
2	河南新郑大枣批发市场	湖北武汉	主要消费地区
3	乌鲁木齐北园春批发市场	河南安阳	主要消费地区
4	乌鲁木齐北园春批发市场	河北承德	主要消费地区
5	乌鲁木齐北园春批发市场	河北沧州	主要消费地区
6	乌鲁木齐北园春批发市场	河北唐山	主要消费地区
7	乌鲁木齐北园春批发市场	湖北武汉	主要消费地区
8	河北沧州崔尔庄红枣批发市场	山东临沂	主要消费地区
9	河北沧州崔尔庄红枣批发市场	山东青岛	主要消费地区
10	河北沧州崔尔庄红枣批发市场	河北承德	主要消费地区
11	河北沧州崔尔庄红枣批发市场	河北沧州	主要消费地区
12	河北沧州崔尔庄红枣批发市场	河北唐山	主要消费地区

图 4-4　红枣销售数据

| 📁 > 此电脑 > 软件 (E:) > Down > b > new1 |

名称	修改日期	类型	大小
express.csv	2023/4/22 19:04	Microsoft Excel 逗...	1 KB
influence_factor.csv	2023/4/22 19:02	Microsoft Excel 逗...	1 KB
produce.csv	2023/5/6 17:13	Microsoft Excel 逗...	1 KB
produce1.csv	2023/5/7 13:12	Microsoft Excel 逗...	1 KB
produce2.csv	2023/5/7 13:12	Microsoft Excel 逗...	1 KB
produce3.csv	2023/5/6 16:34	Microsoft Excel 逗...	1 KB
produce4.csv	2023/5/6 16:35	Microsoft Excel 逗...	1 KB
spend.csv	2023/5/6 17:02	Microsoft Excel 逗...	1 KB

图 4-5　csv 数据文件

具体而言，我们可以使用 Py2neo 与 Neo4j 图数据库进行连接，并利用循环的方式，逐行读取数据，创造 2 个节点，并创建对应的节点和关系。在创建节点时，我们可以根据每个节点的属性构造对应的节点对象，如生产方、流通方、销售方等；而在创建关系时，我们可以根据节点之间的联系构造对应的关系对象，并添加业务属性，如价格、产量、面积等。最后，我们可以使用 Merge 合并节点函数，通过节点的标签和属性，将拥有相同标签和属性的节点进行合并，从而实现将红枣三方市场模型数据批量导入图数据库 Neo4j 中的目的。批量导入代码如图 4-6 所示。

```python
# 删除之前所有的数据    match (n) detach delete n
g = Graph('http://localhost:7474', user='admin123', password='admin23', name="neo4j")  # 填入自己当初
g.delete_all()                           # 删除数据库

# 创建团节点
tx = g.begin()
with open('E:/Down/b/new1/produce.csv', 'r', encoding="ansi") as f:   # 填入数据表存放路径
    reader = csv.reader(f)
    print("-------------------团节点-------------------")
    for item in reader:                  # 遍历文件
        print(item)
        s_node = Node(item[3], name=item[0], 团生产面积=item[4], 团产量=item[5])   # 头结点标签+属性
        e_node = Node(item[3], name=item[1], 师生产面积=item[6], 师产量=item[7] )   # 尾节点
        relation = Relationship(s_node, item[2], e_node)   # (*start_node*, *type*, *end_node*, **
        tx.merge(s_node, item[3], "name")
        tx.merge(e_node, item[3], "name")                  # 根据属性name融合节点
        tx.merge(relation)                                 # 创建关系
```

图 4-6　数据批量导入

Neo4j 有多种方式可以实现数据导入。第一种方式是通过构建 csv 格式的数据文件：通过 load csv 进行一键导入，Neo4j 会自动将 csv 文件转化为图知识图谱。第二种方式是通过 Cypher 语句：Cypher 语句是 Neo4j 图数据库特有的数据库操作语句，我们可以通过构建 Cypher 将数据逐条导入图数据库中形成图知识图谱。第三种方式是采用 Neo4j-import 工具。本章选择采用 Neo4j-import 工具的方式，在 Neo4j 中创建相关的数据库，然后通过导入工具完成知识图谱的图数据库导入，图 4-7 为红枣市场可视化知识图谱。知识图谱中，黄色表示生产节点，绿色表示流通节点，棕色表示消费地区，每个节点都有相应的标签

和属性。通过 neo4j 图数据库的可视化,可以清晰展示兵团一师的生产、流通、销售情况。通过该知识图谱,我们可以清晰地看到一师的 13 个红枣生产地区生产不同品种的枣类,并且通过查看属性可以发现每个枣类的生产面积和产量、价格都不一样。另外一师红枣一般批发到乌鲁木齐北园春批发市场、河南新郑大枣批发市场、河北沧州崔尔庄红枣批发市场三大红枣集散地。还需要注意的是,每个批发市场主要销售的地区也不同,一般主要面向较近的地区,例如,河北沧州崔尔庄红枣批发市场主要销往山东省和河北省。

彩图 4-7

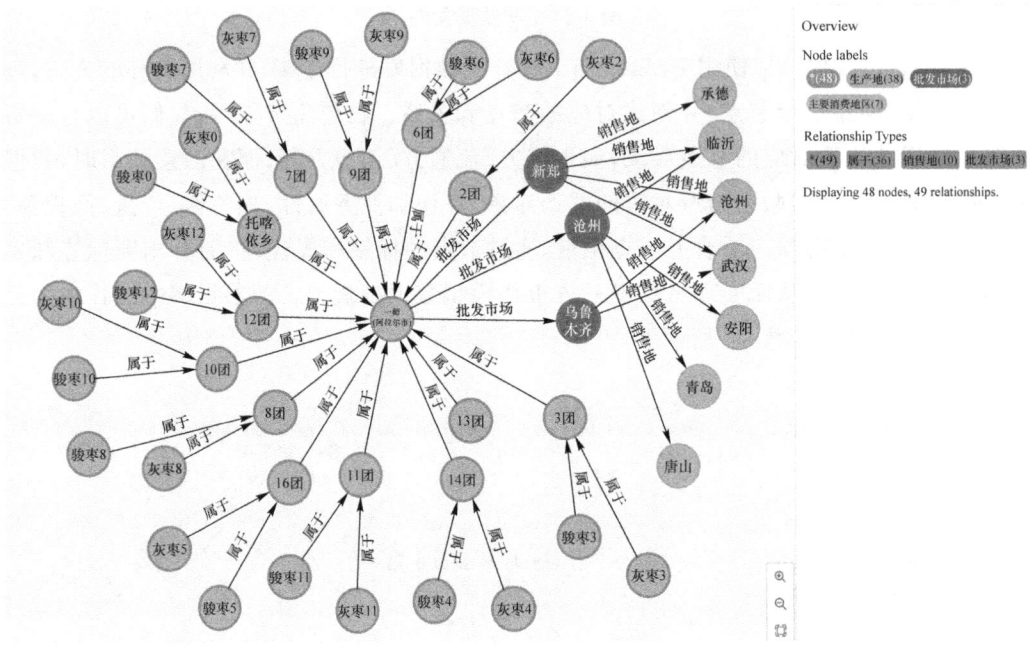

图 4-7 红枣市场知识图谱

4.3 红枣市场复杂网络模型构建

4.3.1 红枣市场复杂网络模型构建

21 世纪初,网络科学的诞生为人们认识周边事物带来了新思路,其描述语言是以节点和连边(又称链接、链路、边等)构成的网络。真实网络的形成机理、拓扑呈现高度的复杂性,因而网络科学所研究的网络又被称为复杂网络。以复杂网络的视角分析红枣市场数据,我们可以发现越来越多的行为、事件可以得到解释,越来越多的实际应用问题也能得到有效解决或改善。例如,我们可以将红枣市场看作一张真正的"网",通过分析红枣之间的链接关系,可以设计算法来预测红枣的供应链和市场需求,从而提升市场运作的效率和准确性。另外,复杂网络的研究还可以帮助我们揭示红枣市场的结构特性,了解不同节点(如供应商、批发商、零售商等)之间的关系和连接方式,从而更好地优化市场布局和资源配置。通过研究红枣市场的生成机制和演化规律,我们可以预测市场的发展趋势和变化,为决策者提供决策支持和战略规划。此外,复杂网络的研究还可以帮助我们设计控制和干预红枣市场的科学方法。通过分析红枣市场的动态变化和节点之间的相互作用,我们可以制定有效的市场调控策略,避免市场崩溃和过度波动,实现市场的稳定和可持续发展。复杂网络中链路预测的研究也在红枣市场中具有重要意义,通过预测红枣市场中的潜在连边,我们可以提前发现潜在的商机和合作机会,从而帮助企业做出更明智的决策和战略安排。

生成网络主要指创建一个给定结构和属性的图形,以便研究其结构、性质和动态。根据系统需要,我们可以使用网络构建工具中提供的多种生成随机网络生成网络模型,例如,小世界网络、无标度网络等,也可以从现实中收集数据来创建真实网络。

新疆红枣市场建模需要先定义和生成网络。首先,我们可以根据生成的知识图谱,将红枣供应商、销售商、产地等作为网络的节点,通过其交易关系、合作关系等建立节点之间的边关系。其次,我们可以使用 Pandas 库批量读入相关数据,再利用 Networkx 将导入的数据创建一个有权无向图,以便研究其结构和性质。

具体实现思路如下:首先,将知识图谱的多个 csv 数据文件重新整理为一个 csv 文件;然后,通过 Pandas 库批量读入 csv 数据,再利用 Networkx 将导入的数据创建一个有权无向图;最后,将数据导入为一个 Networkx 图结构,并绘制复杂网络图并将其显示出来,如图 4-8 所示。

彩图 4-8

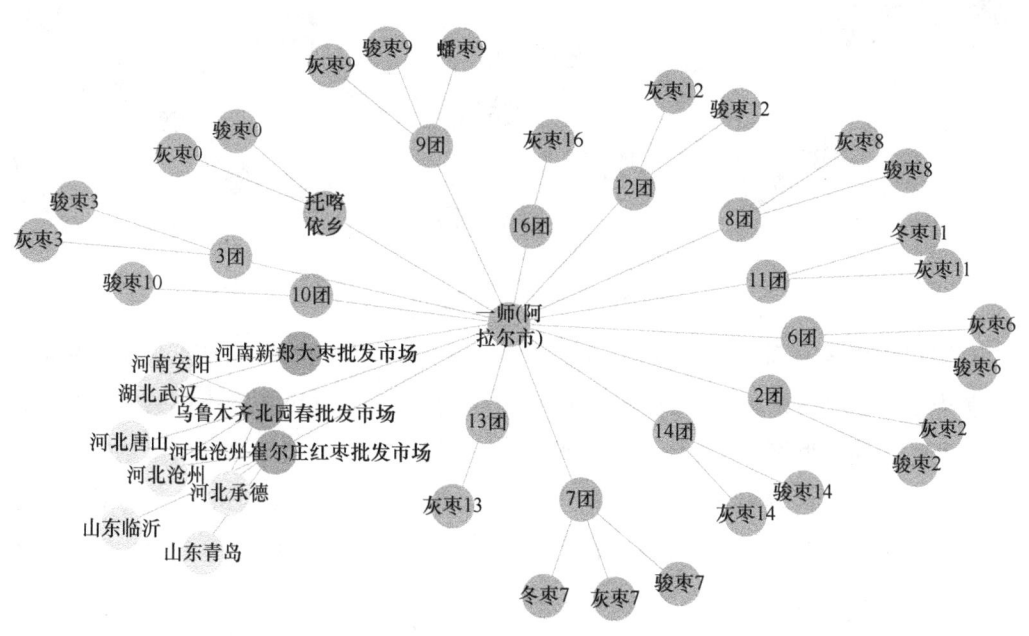

图 4-8 复杂网络建模

完成复杂网络建模后,我们可以进行进一步的网络分析。在模型中,中心度是一个重要的指标,可以用来衡量网络中节点的相对重要性。为了计算每个节点的特征向量中心度,我们可以使用 Networkx 自带的特征向量中心度计算函数,对整个图进行计算,并将结果存储在节点属性中。接着,我们可以根据每个节点的特征向量中心度大小进行可视化展示,例如,使用不同的颜色、大小或形状来表示不同程度的中心度。这种方法可以帮助我们深入了解网络中节点的重要性分布和结构特征。除此之外,我们还可以使用聚类算法来发现网络中具有相似特征或关系的节点集合,以帮助我们挖掘网络的局部结构和特征。具体效果如图 4-9 所示。

彩图 4-9

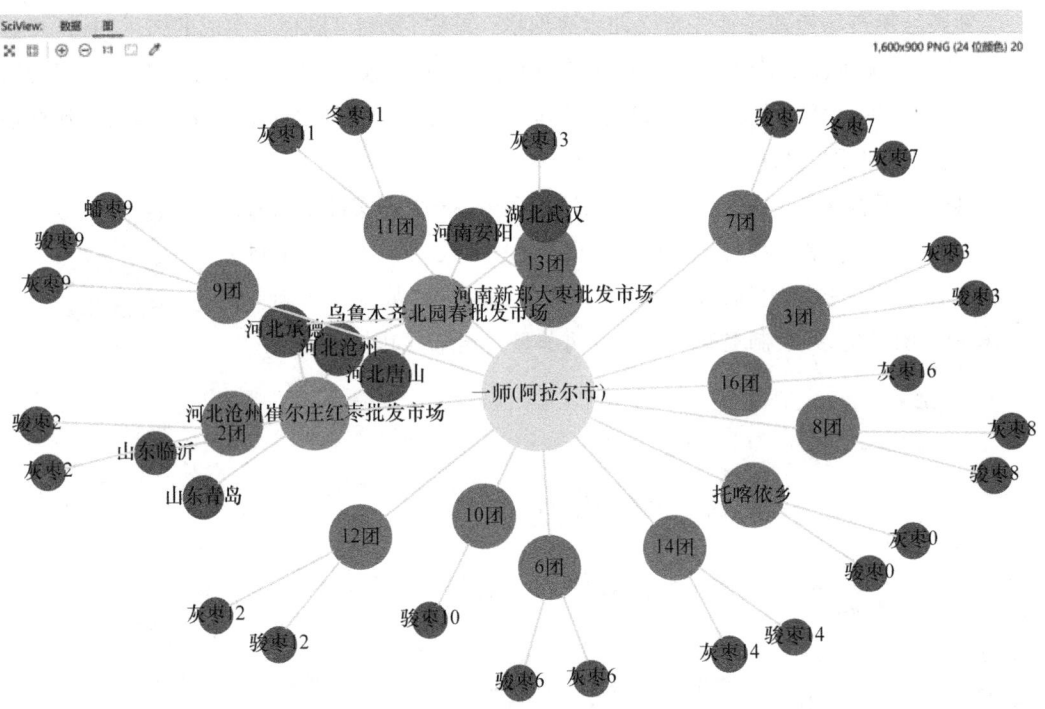

图 4-9　特征向量中心度的可视化表示

　　从图中可以观察到,乌鲁木齐北园春批发市场和河北沧州崔尔庄红枣批发市场的特征向量中心度明显高于其他市场,表明这两个市场在整个批发市场网络中具有较高的地位与重要性。同时根据特征向量中心度的大小,我们也可以推断出这两个市场的红枣需求量较大。基于这些发现,我们可以得出结论,如果想要促进红枣的销售,可以将更多的红枣出售到这两个市场。这些市场的流通渠道广、需求量大,有助于提高红枣的市场占有率并实现销售额的增长。

　　为了更好地挖掘节点之间的相似性和关联性,我们可以使用聚类算法对生产团体进行社团划分,并根据他们的属性确定生产红枣的品种,并使他们生产相同品种的红枣。这种方法可以帮助各团之间更好地建立联系,开展交流与合作。各团场之间可以实现资源共享,共同提高议价能力,从而提高枣农的生产效益和经济效益。此外,各团场之间的联系还可以推动产业协同发展,进一步推进产业的转型升级。综上所述,通过节点聚类算法对生产团体进行分析,可以帮助枣农更好地了解市场需求和行情,实现产业链的有效协同,产生更多的合作与增益效应。具体实现效果如图4-10和图4-11所示。

从图 4-10 可以看出,绿色的生产地表示生产骏枣的生产地,具体生产地有托喀依乡、2 团、3 团、6 团、7 团、8 团、9 团、10 团、12 团、14 团。这些生产地可以在骏枣的生产上进行抱团,共享生产资料并提高骏枣生产的效益。从图 4-11 可以看出,红色的生产地表示生产冬枣的生产地,具体生产地有 7 团和 11 团,这些生产地可以在冬枣的生产上进行抱团,共享生产资料并提高冬枣生产的效益。

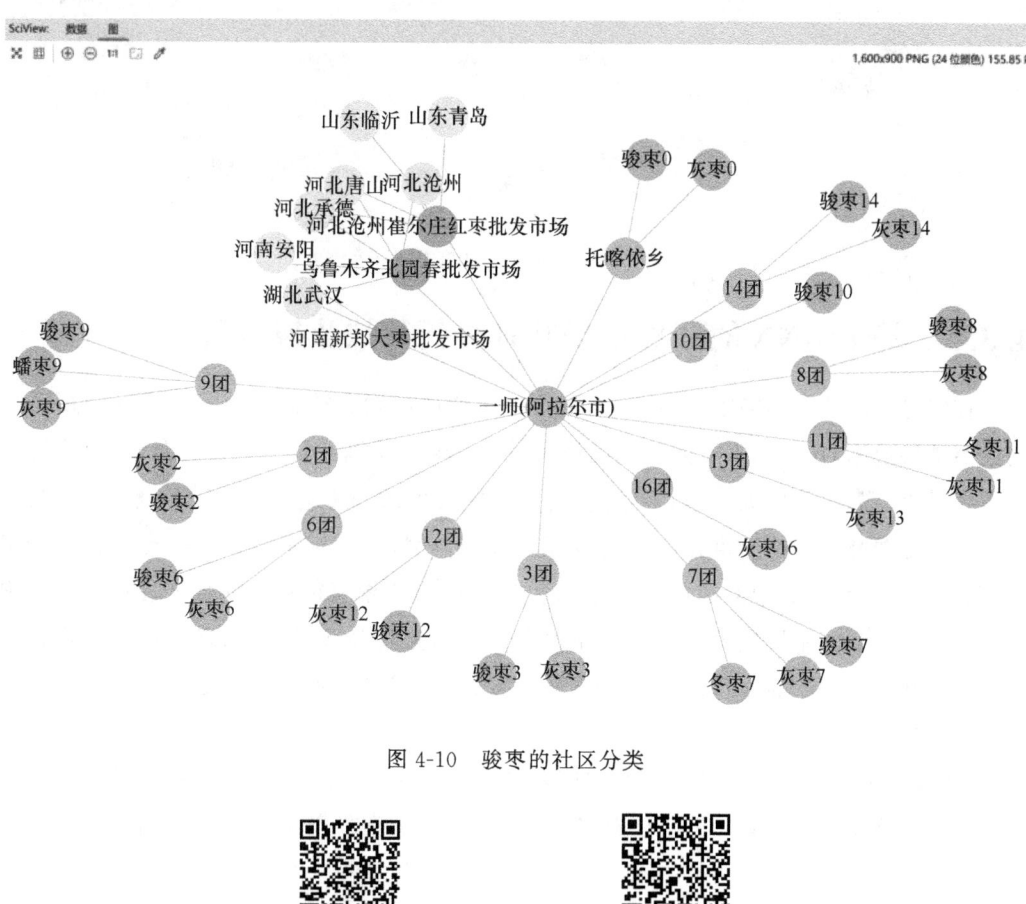

图 4-10 骏枣的社区分类

彩图 4-10　　　　　　　彩图 4-11

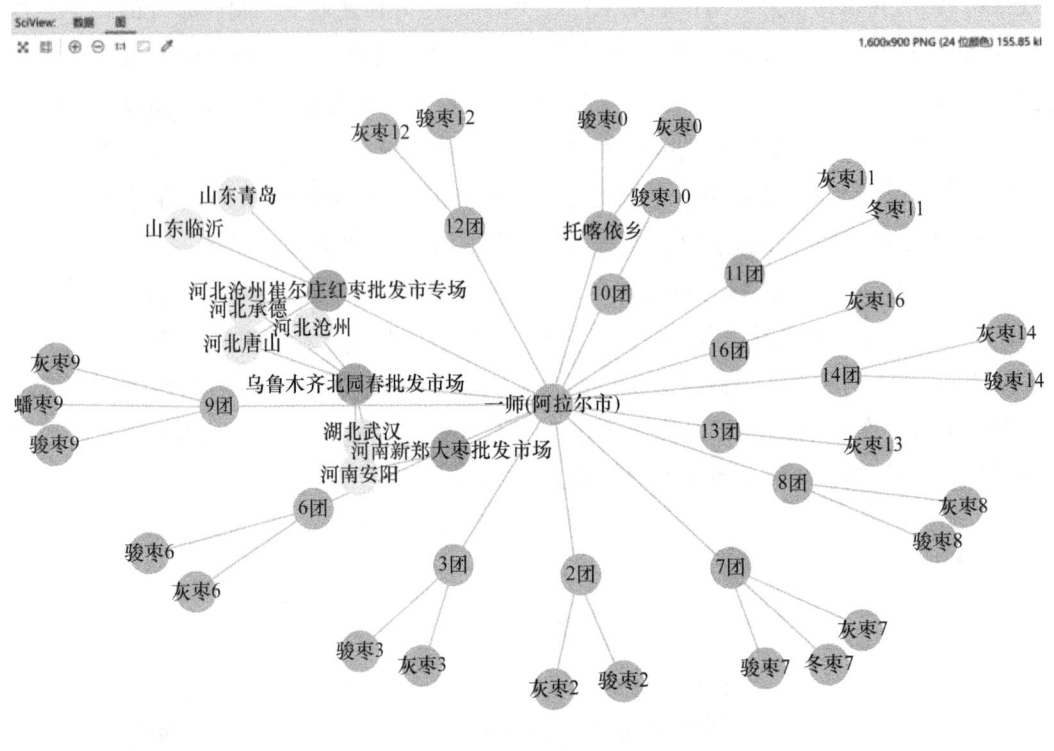

图 4-11 冬枣的社区分类

4.3.2 基于 GNN 的红枣市场特征分析算法及技术研究

在红枣市场复杂网络中,链路预测是一个重要的问题。链路预测的目标是利用已有的红枣销售数据,预测未来可能存在的销售关系。通过精确地预测销售链路,可以为红枣销售提供重要的决策依据,例如,确定合适的销售策略、优化供应链管理等。然而,传统的链路预测方法往往依赖于事先定义的特征工程和模型设计,对于复杂的红枣销售市场来说,我们很难捕捉到其中的潜在模式和关系。同时,红枣销售市场中的数据往往呈现出图结构的特点,例如,不同销售商之间可能存在复杂的关联关系,销售商之间的交互模式也是动态变化的。为了克服传统方法的限制,将图神经网络技术引入红枣销售市场进行链路预测具有重要意义。

GNN 能充分利用节点特征和结构信息,这比用传统的启发式方法和嵌入特征方法要更加有效。然而,用 GNN 进行链路预测往往过度依赖节点特征而忽视了结构信息,SEAL 提出利用目标节点对与其邻域之间的相对距离来考虑结构信息,进行链路预测,GraiL 等证明了在链路预测中以边为信息中心的方法的表现要优于以节点为中心。尽管这些方法都取得了不错的表现,但是 SEAL 在为每一个链路预测对提取子图时,所需的计算成本较高;而 GraiL 则需要先验知识或启发式规则来指导子图构建与推理。由此,我们提出了 HMAGNN 模型,旨在利用节点标签和多头注意力机制来更好地获取结构与属性信息。

1. 图神经网络

近些年,将神经网络应用在图上的研究方向在逐渐兴起。图在我们的身边随处可见,我们用的互联网可以是图,qq 和微信上的联系人可以是图,吃的蛋白质也可以是图。正是因为图在我们身边广泛出现,所以图神经网络具有了很大的应用空间。图神经网络最早是由 Gori 等定义的一种用于解决图数据结构问题的模型。自从 GNN 被提出后,更多的优秀方法已经被提出,例如,图注意网络(GAT)、图卷积网络(GCN)、图同构网络(GIN)、HetGNN、HeCo 等。我们旨在利用这些方法对图中的节点的属性、边的属性、节点之间的链接关系进行表示,对每个节点产生一个信息向量,这个向量不仅需要包含节点自身的属性,还要能体现出节点领域的信息。图神经网络有许多分法,从监督学习方面可以分为有监督学习和无监督学习,从图的性质方面可以分为同质图和异质图,还可以分为无向图和有向图,这些区别都会导致提取信息特征的差异。

在图神经网络中,我们往往都将信息先转换成向量。节点属性及边的属性和全局信息都可以直接用向量来表示,而连接性一般都是通过邻接矩阵来实现。邻接矩阵虽然可以表示所有节点之间的连接关系,但是由于每个节点的相邻边相对所有边来说是极少的,那么就会造成邻接矩阵稀疏化,这样不仅导致了空间浪费还加大了计算的难度。许多算法都采取了不同的策略来解决整个问题。GNN 就是对图中的所有属性包括节点和边的转换,GNN 输入的是一个图,输出的也是一个图,在输入图中两个相连的节点,在输出信息中也依然是连接的,这是不变的。

2. 链路预测

链路预测为网络生成机制及演化规律研究提供了一个可量化且更公平的验证平台。除理论意义外,链路预测在实际应用中也发挥着重大价值。这主要体现在两方面:一是将实际应用问题建模为网络中缺失边的预测问题,从而直接产生价值;二是通过补全网络或获取节点之间的连边可能性作为其他相关研究问题的输入,从而间接创造价值。

在新疆红枣复杂网络上的链路预测是一个充满挑战和发展前景的研究方向。在理论层面,它能帮助我们理解真实网络的生成和演化机制;在应用层面,它可以惠及农业、商业、生活、科技等方方面面。尽管链路预测研究历史已有十余年,然而已有算法的准确性、稳定性有待在现有基础上进一步提升,设计能够处理复杂类型网络,融合多源信息的链路预测算法还需要更多的研究,探索链路预测准确性的理论极限尚未有数学层面的完美方案,更多可转化为链路预测的实际问题有待进一步发现。因此,对于新疆红枣复杂网络的链路预测研究,仍有许多挑战和发展空间。通过不断的研究和探索,我们可以进一步提高链路预测算法的准确性和稳定性,拓展链路预测在不同领域的应用,并揭示链路预测的理论极限。这将为红枣市场和其他领域的决策者提供更准确、可靠的信息,推动相关领域的发展。

3. HMAGNN

无论是通过节点属性、网络拓扑,还是基于图神经网络模型,都是通过已知的数据,尽可能贴近实际情况刻画链路的连接走向,但它们各自有优缺点。基于节点属性的预测方法通过获取用户信息来确定连接关系,但无法确定用户信息的真实性和准确性,深入挖掘又涉及用户的隐私问题,单从这一方面进行预测,准确率难以保证。通过网络拓扑进行预测的计算复杂度比较低,只通过网络结构预测链路需要获取的数据较为简单。为了解决这些限制,我们提出异质多头注意图神经网络模型(Heterogeneous Multi-Head Attention Graph Neural Network,HMAGNN)。HMAGNN考虑关于链路的关键结构信息,而无需手动处理。具体而言,HMAGNN首先从邻接矩阵中学习生成每个节点的有用结构特征,而不使用输入节点特征;然后,HMAGNN通过考虑局部子图的结构特征来衡量链路的存在性,采用了一种改进的节点标记方法以更好地提取结构特征;最后,为了同时考虑结构信息和输入节点特征,我们提出的模型以端到端的方式自适应地结合HMAGNN和基于特征的GNN的得分。我们展示了HMAGNN在4个开放图数据集(OGB)的链路预测任务上始终优于最先进的图神经网络方法和启发式方法。

给定一个异质图$G=(V,E)$,$V=\{v_1,v_2,\cdots,v_k\}$,$E=\{e_1,e_2,\cdots,e_n\}$分别代表了节点和边类型的集合,在异质图中,$V+E>2$。如图4-12所示,我们构造了一个新疆红枣市场的异构图。它由多种类型的节点〔生产者(P),经销商(D),零售市场(S)〕和连接(生产商通过经销商供货和生产商直接向销售商供货)组成。

给定一个异构图G,由于不同类型节点的特征维度一般不同,故为了对这些不同类型节点的特征进行统一处理,首先将这些不同类型节点特征通过转换矩阵到同一特征空间。可以通过式(4-1)表示。

$$h_i' = \boldsymbol{W}_{\varPhi_i} \cdot h_i \tag{4-1}$$

其中,$\boldsymbol{W}_{\varPhi_i}$是映射矩阵,$\varPhi_i$为$i$类型对应映射,$h_i'$为$h_i$经过投影映射后的节点特征。

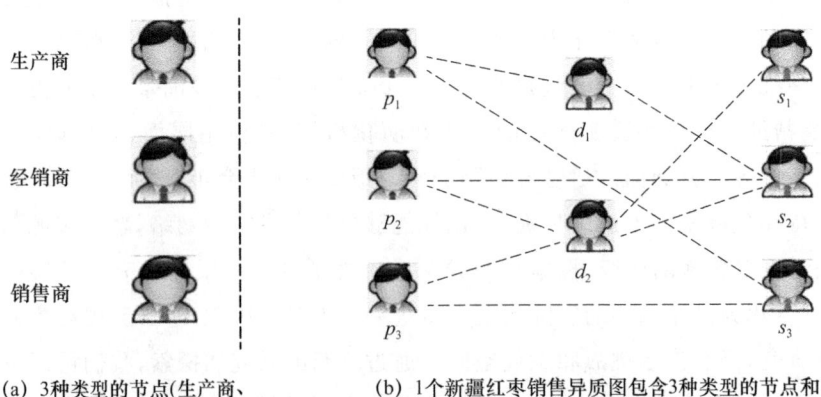

(a) 3种类型的节点(生产商、经销商、销售商)　　(b) 1个新疆红枣销售异质图包含3种类型的节点和2种类型的连接

图4-12　新疆红枣销售异质图

为了更好地学习图中的结构信息,HMAGNN首先为目标链路提取一个局部子图,使用这个局部子图进行训练,这个局部子图包含了目标链路的邻居信息。局部子图的大小

由图中节点数决定,节点数 k 是一个超参数。我们首先将目标节点对 (x,y) 的一阶邻居添加进局部子图中,然后依次添加高阶邻居。若所有邻居节点添加完邻居节点数仍小于定义的 k 就添加虚拟节点,若邻居节点数大于 k 则优先删除最高阶邻居节点,因为我们认为离目标节点对更近的节点能更好地表示图的拓扑结构,即一跳邻居比二跳邻居更重要。

节点标记已经在多个实验中证明了对获取图拓扑结构的有效提升。有效的节点标记应该确保相似的节点在不同子图中有相似的排名,同时还要保证在节点标记过程中,标记的有序性。即一个节点 i 在标记过程中小于另一节点 j,那么在最终得到的节点标记中 i 也要小于 j。经典的 WL 算法虽然可以满足相似的节点在不同子图中有相似的排名,但是并不能保证有序性,并且在它标记完的局部子图中我们不能识别出哪个节点是目标节点。我们的节点标记算法优先将链路预测目标节点对 (x,y) 中源节点 x 标记为 0,目标节点 y 标记为 1,再根据节点的邻居字符串依次标记。图的节点标记过程如图 4-13 所示,在每次迭代中,步骤 1 通过记录节点的序号与节点邻居的序号计算每个节点的字符串,步骤 2 根据节点标记算法重新对图中节点标记。我们标记完的局部子图具有以下性质:链路预测目标节点对标记为 $(0,1)$,可以明确区分目标节点对与普通节点。

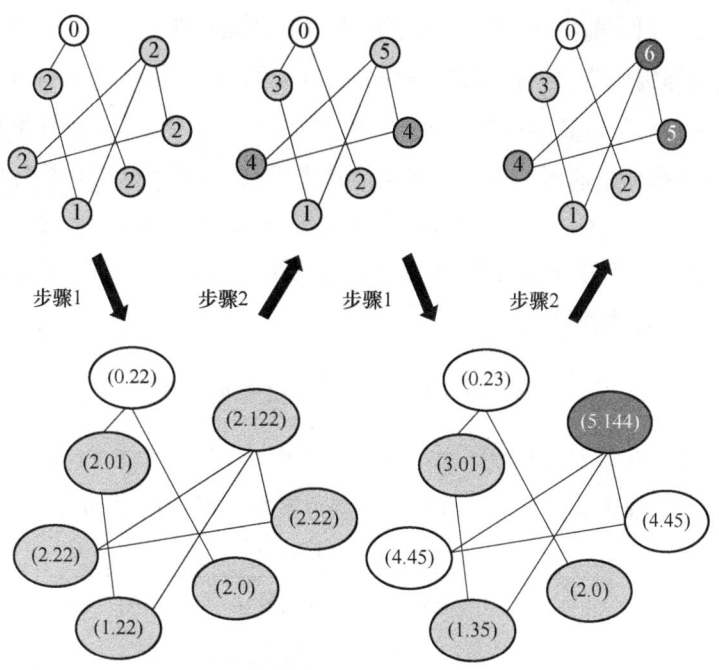

图 4-13 图的节点标记

我们解释了 HMAGNN 是怎样利用和学习结构信息和属性信息进行链路预测的。HMAGNN 由三部分组成,如图 4-14 所示。首先,我们对异质图进行节点转换和标记,得到特征矩阵 $X \in \mathbf{R}^{N \times F}$ 和邻接矩阵 $A \in \mathbf{R}^{N \times N}$;然后,对节点特征的学习使用基于特征的 GNN,得到节点的特征表示 $H \in \mathbf{R}^{N \times d}$。

$$H = \text{GNN}(X, \tilde{A}; W) \tag{4-2}$$

其中，X 为原始的特征矩阵，$\tilde{A}$ 为归一化邻接矩阵，W 为参数矩阵。

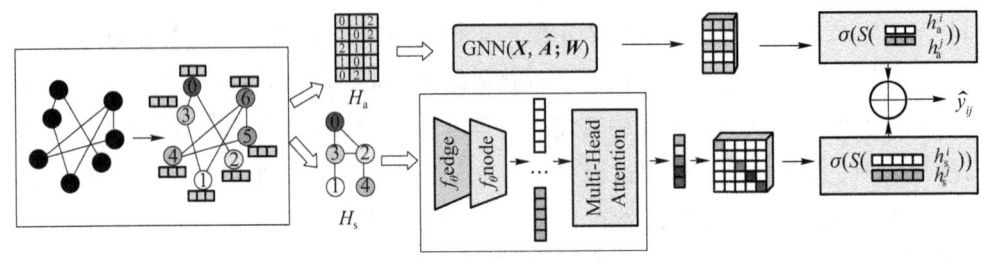

图 4-14　HMAGNN 结构

HMAGNN 首先对图进行节点标记，将得到的邻接矩阵放入两个 MLP 中，在节点特征生成器中使用了多头机制；然后通过结构特征生成器产生的结构向量 $x \in \mathbf{R}^{N \times 1}$ 经过对角化形成结构矩阵 $X^s \in \mathbf{R}^{N \times N}$；最后分别与基于 GNN 和 HMAGNN 得到的节点 H_a 和 H_s 计算相似性得分，并通过可学习参数 α 自适应结合。

结构特征由我们之前提到的节点标记后生成的邻接矩阵生成。具体来说，我们将标记后的节点生成邻接矩阵，再将邻接矩阵作为输入，通过边特征生成器和节点特征生成器更好地利用节点信息生成新的特征向量 $x \in \mathbf{R}^{N \times 1}$。为了更好地对新疆红枣销售链路做出预测，我们在节点特征生成器中引入了多头注意力机制，并将不同的特征作为不同的头来生成不同的节点表示向量，如头 1 表示销售量优先，头 2 表示利润最大化。每个头学习一个不同的权重矩阵，从而在不同的特征上进行注意力计算。通过设置参数可以得到所需要的特征融合后的向量表示，如下：

$$h_i^t = \text{ReLU}\Big(\sum_{j \in \mathcal{N}_i} \sum_{k=1}^{K} \alpha_{i,j,k}^t W_k^t h_j^{t-1}\Big) \tag{4-3}$$

其中，h_i^t 表示节点 i 在第 t 层的特征表示，W_k^t 表示第 t 层第 k 个头的权重矩阵，K 表示头数，$\alpha_{i,j,k}^t$ 表示节点 i 和节点 j 之间的第 k 个注意力系数，计算方式如下：

$$\alpha_{i,j,k}^t = \frac{\exp(\text{LeakyReLU}(a_k^\top [W_h^t h_i^{t-1} \| W_h^t h_j^{t-1}]))}{\sum_{j \in \mathcal{N}_i} \exp(\text{LeakyReLU}(a_k^\top [W_h^t h_i^{t-1} \| W_h^t h_j^{t-1}]))} \tag{4-4}$$

其中，a_k 表示第 k 个头的注意力向量，$\|$ 表示向量拼接操作。边特征生成器和节点特征生成器是一个 MLP，如下：

$$e_{i,j}^t = \text{ReLU}(W_e^t [h_i^{t-1} \| h_j^{t-1}]) \tag{4-5}$$

结构特征向量 x 最终由节点特征表示 h_i^t 和边特征表示 $e_{i,j}^t$ 共同表示，如下：

$$x_i = [h_i^t \| \text{Mean}_{j \in \mathcal{N}_i} e_{i,j}^t] \tag{4-6}$$

通过结构特征向量 x 我们构成新的结构特征矩阵 $X^s \in \mathbf{R}^{N \times N}$，如式(4-7)所示。

$$f(\boldsymbol{X}^s) = \begin{cases} \boldsymbol{X}_{[i,j]} = 0, & (i \neq j) \\ \boldsymbol{X}_{[i,j]} = x_{[i]}, & (i = j) \end{cases} \quad (4-7)$$

得到结构特征矩阵 $\boldsymbol{X}^s$ 后,将其与初始的邻接矩阵 $\boldsymbol{A}$ 相乘得到结构表示 $\boldsymbol{Z}$,

$$\boldsymbol{Z} = \boldsymbol{A}\boldsymbol{X}^s \quad (4-8)$$

同时考虑到高阶邻居信息,我们还对式(4-8)进行了改进,令 $\boldsymbol{Z} = f\left(\boldsymbol{\Phi}, \sum_{l=1}^{L}\{\boldsymbol{A}_l, \boldsymbol{X}_s^l\}\right)$,其中,$f$ 是一个函数,$\boldsymbol{\Phi}$ 是参数,$\boldsymbol{A}_l$ 是第 l 条邻接矩阵,$\boldsymbol{X}_s^l$ 为在第 l 跳邻居时的结构特征矩阵。则有:

$$\boldsymbol{Z} = \mathcal{G}(Z^{(0)}, Z^{(1)}, \cdots, Z^{(L)}) \quad (4-9)$$

其中,$\mathcal{G}$ 是一个 MLP,$Z^{(0)} = \boldsymbol{\Phi}$,$Z^{(l)} = \sum_{i=0}^{l-1} \beta^i \boldsymbol{A}_i \boldsymbol{X}_s^i Z^{(0)}$,$\beta$ 是一个超参数,用于控制邻近邻居和远处邻居的权重比例。给定目标链接对 (i,j) 分别计算出 h_i, h_j, Z_i, Z_j 后分别得到相似度得分,并且我们可以通过参数 α 调整结构和属性的权重,如式(4-10)所示。

$$y_{ij} = \alpha \cdot \sigma(z_i^T z_j) + (1-\alpha) \cdot \sigma(s(h_i, h_j)) \quad (4-10)$$

我们通过三个标准二元交叉熵损失函数联合训练模型,

$$\mathcal{L} = \sum_{(i,j) \in D} (\lambda_1 \text{BCE}(\hat{y}_{ij}, y_{ij}) + \lambda_2 \text{BCE}(\sigma(z_i^T z_j), y_{ij}) + \lambda_3 \text{BCE}(\sigma(s(h_i, h_j)), y_{ij})) \quad (4-11)$$

其中,BCE 是二元交叉熵损失,σ 是激活函数,通过 λ_1、λ_2、λ_3 调整权重。

4. 模型分析

我们将 HMAGNN 方法与各种有效的链路预测方法进行比较,OGB 数据集总结如表 4-3 所示。

表 4-3 OGB 数据集总结

数据集	OGB-PPA	OGB-DDI	OGB-COLLAB	OGB-CITATION2
节点数	576 289	4 267	235 868	2 927 963
边数	30 326 273	1 334 889	1 285 465	30 561 187
特征数	50	232	128	128
训练集	403 402	3 413	216 998	2 869 403
验证集	115 258	427	9 435	29 280
测试集	57 629	427	9 435	29 280
评价指标	Hits@100	Hits@20	Hits@100	MRR

为了证明 HMAGNN 的有效性,我们将其与启发式方法、基于嵌入的方法和基于 GNN 的方法相比较。我们首先将 HMAGNN 和传统的启发式链路预测方法进行比较,包括 CN(Common Neighbors)、AA(Adamic-Adar)、RA(Resource Allocation),此外还包括另一种启发式学习方法 MF,这些方法都只利用了图结构特征。然后,相较于基于潜在

特征的方法，HMAGNN 使用了 Node2Vec 和 MLP。最后，相较于基于 GNN 的方法，如 GCN、GraphSAGE、SEA 和 Neo，这些方法都是通过 GNN 得到节点的表示，并通过计算链路目标节点和源节点之间的相似度分数进行链路预测。SEAL 和 Neo 不仅利用了节点的表示，还学习了子图的结构特征，因此，获得了很好的表现。

表 4-4 展示了基线和 HMAGNN 在 Open Graph Benchmark（OGB）数据上进行链路预测的结果。首先，我们观察到使用封闭子图（SEAL、Neo 和 HMAGNN）学习的方法要比传统的启发式方法表现好，这说明学习获得的启发式要比人工设计的启发式方法获得更多的网络特征。在大多数情况下，图神经网络方法都比传统启发式方法表现好，这也证明了图神经网络可以对节点进行端到端的学习，自动学习图中特征表示，因此可以更好地捕获节点和边之间的关系。在基于图神经网络的方法中，HMAGNN 表现出最好的性能。有趣的是在 OGB-PPA 数据集上，基于特征的 GNN 方法表现很差，我们认为基于特征的 GNN 方法对结构信息利用不充分，而 SEAL、Neo 和 HMA 能够学习结构信息，因此，其结果比 GCN、GraphSAGE 表现更好。SEAL 虽然取得了不错的表现，但是在 OGB-DDI 数据集上表现不佳，可能的原因是 SEAL 不能很好地结合每个数据集的输入节点特征和结构特征。而 HMAGNN 可以自适应地和 GCN 结合而表现出更好的性能。后续我们进一步分析了 α 的有效性。

表 4-4　HMAGNN 和基线在 OGB 数据集上链路预测表现

	OGB-PPA	OGB-DDI	OGB-COLLAB	OGB-CITATION2
CN	27.65±0.00	17.73±0.00	50.06±0.00	76.20±0.00
AA	32.45±0.00	18.61±0.00	53.00±0.00	76.12±0.00
RA	49.33±0.00	6.23±0.00	52.89±0.00	76.20±0.00
MF	32.29±0.00	33.70±0.03	48.96±0.00	51.89±0.04
MLP	0.47±0.05		19.98±0.96	28.99±0.16
Node2Vec	17.24±0.76	21.95±1.58	41.36±0.69	53.47±0.12
GCN	16.98±1.33	44.60±8.87	47.01±0.79	84.79±0.24
GraphSAGE	13.93±2.38	48.01±9.02	48.60±0.46	82.62±0.01
SEAL	48.15±4.17	26.25±6.00	54.37±0.02	86.32±0.52
Neo	49.13±0.60	63.57±3.52	57.52±0.37	87.26±0.84
HMAGNN	49.72±3.06	64.66±7.74	57.63±0.72	87.54±0.34

我们进行了消融实验，以验证 HMAGNN 不同组件的有效性。我们对不同的数据集进行了单独的实验，评估了 GCN 模型、HMAGNN 模型以及 HMAGNN 与 GCN 组合模型（使用可训练参数 α）。如表 4-5 所示，α 的值因数据集不同而异。一方面，在 PPA 数据集上，当 α 设定为 0.92 时，模型表现最佳。与 GCN 相比，HMAGNN（带有 GCN）的预测准确率从 18.67 增加到 49.72，而 HMAGNN（不带 GCN）的准确率也达到了 47.26。这进一步证明了 HMAGNN 有效地利用了结构特征。另一方面，在 DDI 数据集上，

HMAGNN(不带 GCN)的准确率为 37.07,低于 GCN 的准确率(44.60)。这是因为 DDI 数据集具有更多的节点特征,DDI 数据集的节点特征几乎是其他数据集的两倍,这导致了 GCN 具有更好性能。然而,当我们将 GCN 与 HMAGNN 结合时,HMAGNN(带 GCN) 的准确率提高到了 64.66。这证明了 HMAGNN 能够有效地学习结构和属性特征。

表 4-5 在 PPA、COLLAB 和 DDI 数据集上进行消融实验

	α	HMAGNN (w/GCN)	HMAGNN (w/o GCN)	GCN
PPA	0.92±0.012	49.72±3.06	47.26±0.56	16.98±1.33
COLLAB	0.59±0.015	57.63±0.72	55.87±0.41	47.01±0.79
DDI	0.57±0.024	64.66±7.74	37.07±3.05	44.60±8.87

此外,我们还研究了局部子图大小对实验的影响,该大小受节点标签 k 值的限制。如图 4-15 所示,我们进行了 $k=4$、$k=8$、$k=12$ 和 $k=16$ 的实验,可以看出,整体上,当 $k=8$ 时,模型的性能最佳。然而,我们还观察到,当子图大小从 $k=8$ 增加到 $k=12$ 时,在前 18 轮训练中,模型的预测准确率略有改善,之后准确率开始下降。这表明 HMAGNN 能够从局部子图中提取足够的结构信息,而无须从整个图中学习。此外,我们还观察到,过大或过小的局部子图对结构特征的提取不利。

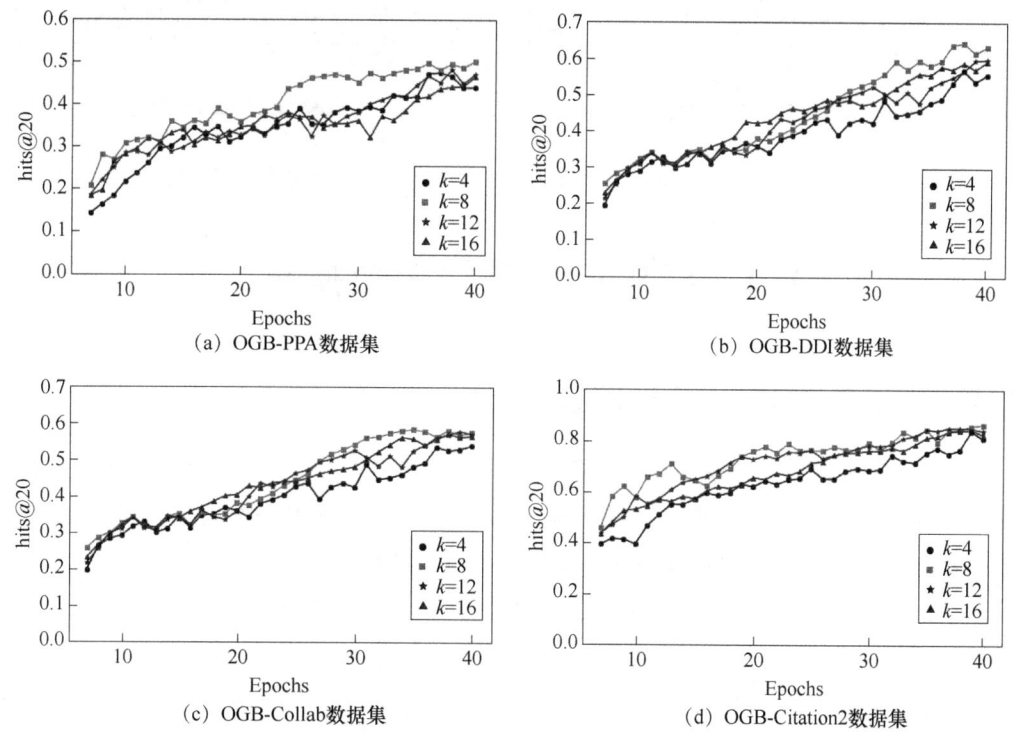

图 4-15 使用不同数量的节点标签在 OGB 数据集上进行链路预测的结果

为了验证多头注意力机制(MHA)对 HMAGNN 的影响,我们在数据集上进行了 HMAGNN(带有 MHA)和 HMAGNN(不带 MHA)之间的比较实验。如图 4-16 所示,HMAGNN(带有 MHA)始终优于 HMAGNN(不带 MHA),这证明通过融合多头机制学习到的特征有助于提高链路预测的准确性。

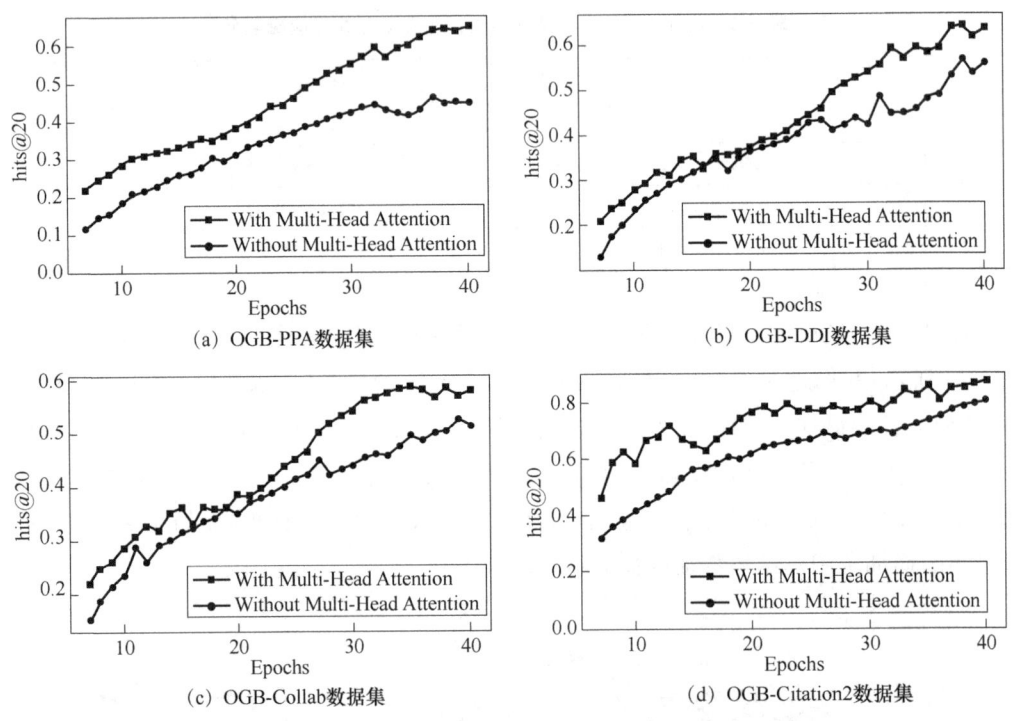

图 4-16 使用多头注意力机制和不使用多头注意力机制对 OGB 数据集进行链接预测的结果

4.4 红枣市场供销大数据平台

4.4.1 红枣供销大数据可视化平台

红枣供销可视化平台包含红枣信息发布模块、红枣销售渠道展示模块、三方数量展示模块、红枣供销市场排行模块、红枣销售流程图模块、红枣供销数据分析模块、红枣产销量对比模块、红枣成本收益对比模块和新疆红枣热力图模块。

枣农和经销商在红枣供销小程序发布供求信息后,该信息在可视化平台红枣信息发布模块可以实时展示,由于信息来源于小程序,故可以及时获取最新的红枣信息。这意味着用户可以随时了解最新的红枣品种、产地、质量等相关信息,帮助他们作出更明智的决策。同时小程序提供的信息通常是经过认证和审核的,确保了信息的可靠性,用户可以放心地了解这些信息以进行红枣的供销活动,降低了信息不准确或虚假信息的风险。在红枣销售渠道展示模块,用户可以查看不同地区红枣销售渠道占比,即自产自销、农业合作组织、加工厂、外地客商收购及政府采购等渠道所占比例。三方数量展示模块对比了近几年生产方、经销方与需求方的人数变化,通过比较生产方、经销方和需求方的人数变化,可以了解市场供需关系的平衡情况。如果生产方人数增长迅速,而需求方人数增长较慢,可能意味着存在供过于求的情况,市场竞争可能会加剧。相反,如果需求方人数增长迅速,而生产方人数增长较慢,可能会出现供不应求的情况,市场可能会出现供需失衡的问题。

在红枣供销市场排行中分别对终端市场和渠道商销售额进行统计,并详细说明特级品在销售中所占比例。特级品在销售中所占比例的详细说明可以反映市场对于高品质红枣的需求情况。如果特级品在销售中所占比例较高,说明市场对于高品质红枣的需求较大,消费者更加注重红枣的品质和口感。红枣销售的全部流程包括从农户采集供货,到加工地杀菌去核后进行集中加工,再到分批运输到各地分销。

4.4.2 红枣供销小程序设计

1. 需求分析

地块管理模块:用户可以添加自己的农田地块信息,包括地块名称、面积、地块位置等;用户也可以查看已添加的地块信息,包括地块名称、面积、地块位置等。

农事记录模块:用户可以记录每次对地块进行施肥、施药和灌溉的活动信息,包括活动时间、活动类型、用量等。

资源交易模块:用户可以查看出货和求货信息,发布自己的出货和求货信息,包括产品名称、数量、价格、交货地点等。

个人中心管理模块:用户可以查看自己的信誉评价,包括其他用户对自己的评价和评分。该模块需要进行身份认证,提供相关的个人或企业证明文件。在该模块,用户还可以查看自己的订单信息,包括已下单的订单和待收货的订单;查看自己发布的产品信息,包括产品名称、数量、价格等;加入或创建生产联盟,与其他农民合作共同生产和销售产品。

2. 模块功能实现

红枣供销小程序作为服务平台,为农户提供了地块管理和农事记录功能,同时为农户和经销商提供了交易平台。在资源广场,卖家可以查看买家发布的出货信息,买家也可以查看卖家发布的求货信息,并且可以在完成身份认证后各自发布信息。在个人中心,用户可以随时查看自己创建的订单情况,红枣供销小程序总体功能结构如图4-17所示。

(1) 首页

首页展示了当日天气情况以及我的地块模块和农事记录,如图4-18所示。

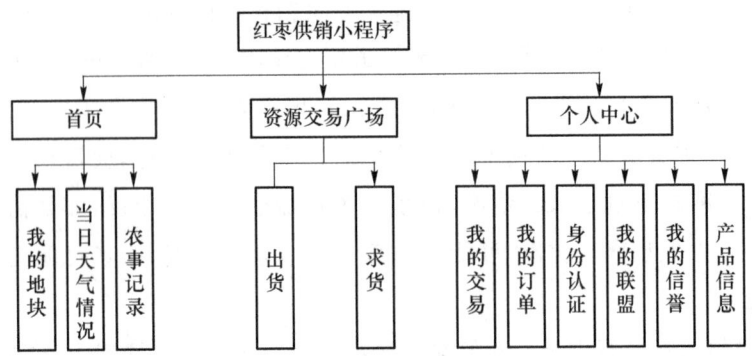

图 4-17　红枣供销小程序功能模块

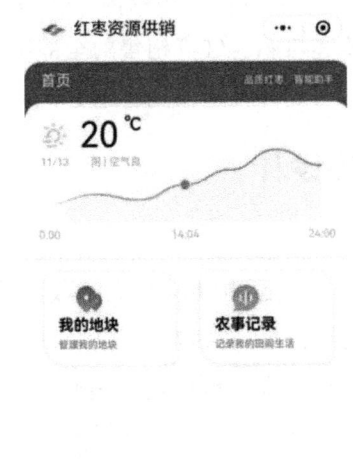

图 4-18　红枣供销 APP 首页

(2) 资源交易广场

在资源交易广场中，用户可以看到出货信息，包括红枣类别、价格、品级、数量以及企业。生产方或经销方还可以发布自己的求货信息，即所需产品信息，用户可以通过关键字搜索进行便捷查找，如图 4-19 所示。

(3) 个人中心

在个人中心，用户可以通过我的订单管理其所发布的信息，可以在我的交易查看所有交易并管理，可以在我的联盟中创建或者加入联盟，联盟成员可以互相合作，共同开展促销活动、拓展市场等,提高整体竞争力。红枣的供应和需求双方可以根据订单完成情况、支付情况互相进行信誉评价,信誉模块会将用户的信用评分展示在用户的个人资料或其他相关页面上,让其他用户能够了解和参考。高信用评分的用户发布信息将优先展示于交易市场。在身份认证中填写个人资料并选择市场身份,经过认证后,用户才可发布产品信息与供求货信息,如图 4-20 所示。

图 4-19　红枣供销 APP 产品界面　　　　图 4-20　红枣供销 APP 用户页面

红枣供销小程序旨在提供一个便捷的平台,以帮助枣农管理地块,记录日常农事活动,促进红枣的供应和需求双方进行交易,并建立一个生产联盟,提供身份认证和信誉评估等功能,以提高交易的可信度和安全性。

4.4.3　红枣供销后台管理平台

红枣供销后台管理平台包含权限管理、会员管理、常规管理、数据安全管理、红枣平台管理、供销管理、资源管理及销售数据管理,其主要使用者为管理员。通过这些管理模块,实现了对包含红枣供销小程序和红枣供销可视化平台的全部管理过程。红枣供销后台管理平台结构如图 4-21 所示。

权限管理模块包含角色组管理、管理员管理、菜单规则管理、管理员日志管理等功能模块。角色组管理:可以创建和管理不同的角色组,每个角色组可以拥有不同的权限,如

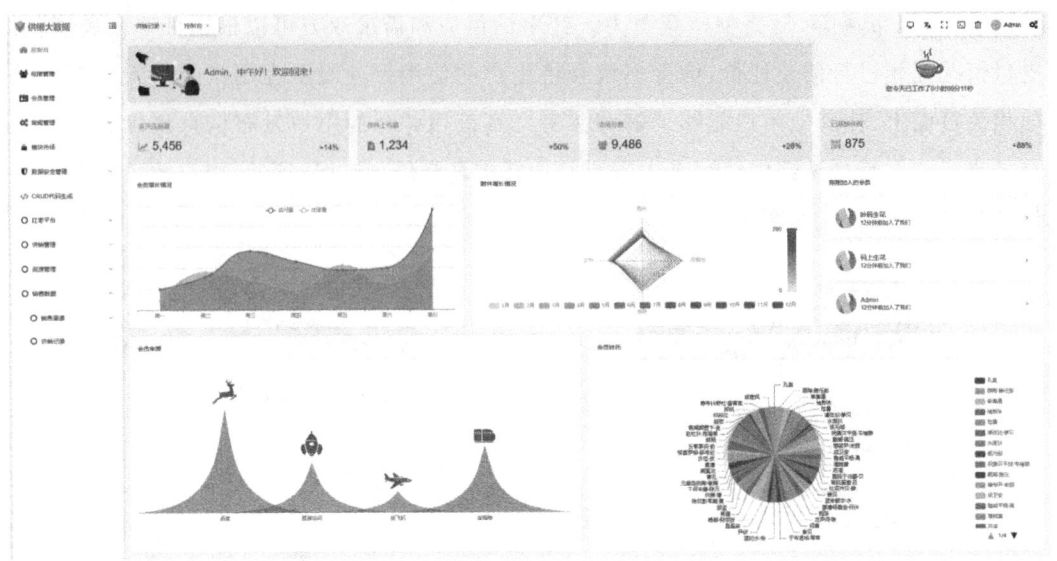

图 4-21 红枣供销后台管理平台首页

图 4-22 所示。例如，超级管理组下包含一级管理员和测试者，一级管理员角色组下包含二级管理员和三级管理员，以实现不同权限分配管理。管理员管理：可以创建和管理不同的管理员账号，为每个管理员分配相应的角色组和权限。管理员可以登录后台管理平台，并根据其权限进行相应的操作。菜单规则管理：可以对后台管理平台的菜单进行管理和控制。管理员可以根据角色组的权限设置，决定哪些菜单可以被访问和操作，以控制管理员的操作范围。管理员日志管理：记录管理员的操作日志，包括登录日志、操作日志等，可以查看管理员的操作记录，以便及时发现和解决潜在的问题。

图 4-22 角色组管理页面

会员管理模块包含会员管理、会员分组管理、会员规则管理、会员余额管理与会员积分管理。会员管理：可以对会员的基本信息进行管理，包括会员账号、姓名、联系方式等，管理员可以查看、编辑和删除会员信息，以及进行会员搜索和筛选，如图 4-23 所示。会员分组管理：可以将会员按照一定的规则和条件进行分组，方便对不同的会员群体进行针对性的管理和服务。例如，管理员可以创建一个"VIP 会员"分组和一个"普通会员"分组，根据会员的消费金额或购买频率进行自动分组。会员规则管理：可以设置和管理会员的特定规则和条件，以便对会员进行奖励和激励。例如，管理员可以设置会员等级制度，根据会员的消费金额或积分累计来划分不同的会员等级，并给予相应的特权和优惠。会员余额管理：可以对会员的账户余额进行管理和控制。管理员可以查看会员的账户余额、充值记录和消费记录，以及进行余额调整和退款操作。会员积分管理：可以对会员的积分进行管理和控制。管理员可以查看会员的积分余额、积分获取和使用记录，以及进行积分调整和兑换操作。

图 4-23　会员管理页面

常规管理中包含系统配置、附件管理和个人资料管理。系统配置：可以对后台管理平台的系统配置进行管理和设置。这包括对系统的基本信息、站点设置、邮件配置、短信配置等进行设置和调整。管理员可以根据需要对系统的各项配置进行修改，以满足不同的业务需求。附件管理：可以对后台管理平台中的附件进行管理和控制，如图 4-24 所示。管理员可以上传、删除和编辑附件，以及对附件进行分类和搜索。附件可以是图片、文档、音频、视频等文件类型，用于在后台管理平台中进行展示和使用。个人资料管理：管理员可以查看和编辑自己的个人资料，包括姓名、联系方式、头像等信息。管理员可以根据需要修改个人资料，并进行密码的修改和重置。

图 4-24　附件管理页面

数据安全管理包含数据回收站、敏感数据修改记录、数据回收规则管理、敏感字段规则管理。数据回收站：当数据被删除或者被归档时，可以将其移动到数据回收站中进行暂存和恢复。管理员可以在数据回收站中查看和恢复已删除或归档的数据，以防止误删除或数据丢失。敏感数据修改记录：对于敏感数据的修改操作，系统可以记录下修改前后的数据状态和修改人信息。管理员可以查看敏感数据的修改记录，以便进行数据追溯和审计。数据回收规则管理：可以设置和管理数据的回收规则，即确定数据何时被自动删除或归档，如图 4-25 所示。例如，管理员可以设置参数使在一定时间内未被使用或更新的数据自动归档，或者使在一定时间内未被恢复的数据自动删除。敏感字段规则管理：可以设置和管理敏感字段的规则，即对敏感字段的访问和修改进行限制和控制。例如，可以将平台设置为只有具有特定权限的管理员才能访问或修改敏感字段，以保护数据的安全性和保密性。

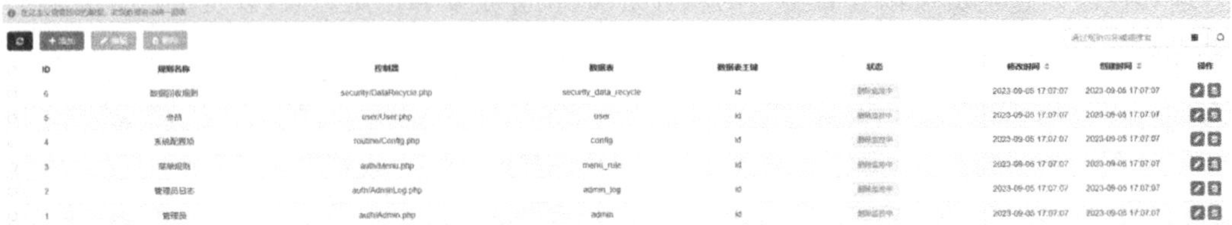

图 4-25　数据回收规则管理页面

红枣平台管理包含红枣地区城市管理和小程序用户管理。红枣地区城市管理：可以对红枣平台所涉及的地区城市进行管理和设置。管理员可以添加、编辑和删除地区城市，以便用户在平台上选择和查找不同地区的相关信息。小程序用户管理：包含对用户的管理和控制，如图 4-26 所示。管理员可以查看和编辑用户的基本信息，例如，用户名、手机号等。管理员可以对用户进行禁用、解禁、删除等操作，以维护平台的秩序和安全。平台还可以对用户的信誉积分进行管理和评估，信誉积分可以用于衡量用户的信用水平和可靠程度，管理员可以查看用户的信誉积分，根据用户的行为和交易记录进行评分和调整。在用户管理中，管理员可以对用户的身份认证进行审核和管理。当用户提交身份认证申请时，管理员可以对其进行审核，并决定是否通过认证。身份认证通过后，用户将获得相应的认证标识，提高其在平台上的可信度和权威性。

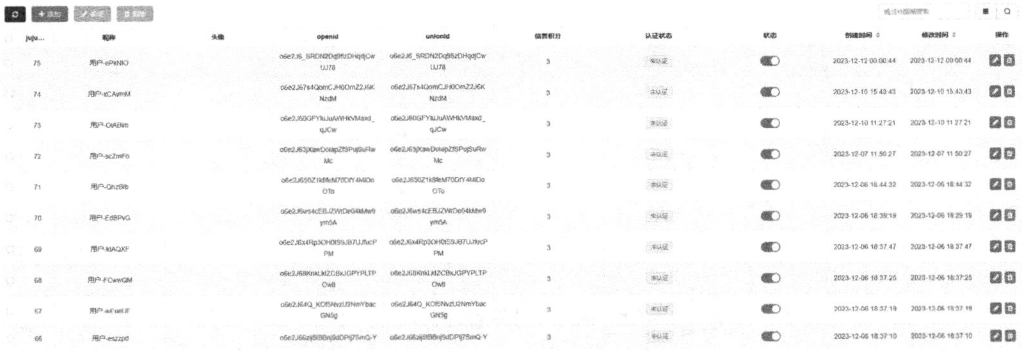

图 4-26　小程序用户管理页面

供销管理是指在可视化平台上对红枣的种类、品级、企业、市场排行、成本收益、种植地区和销售热力图进行管理和展示的功能模块。红枣种类管理：可以对红枣的不同种类进行管理和设置。管理员可以添加、编辑和删除红枣种类，包括种类名称、特点、产地等信息。这样可以方便用户在平台上查找和选择不同种类的红枣产品。红枣品级管理：可以对红枣的品级进行管理和设置。管理员可以添加、编辑和删除红枣品级，包括品级名称、描述、价格等信息。这样可以为用户提供不同品级的红枣选择。企业管理：可以对供销企业进行管理和设置。管理员可以添加、编辑和删除企业信息，包括企业名称、联系方式、地址等。这样可以提供给用户可靠的供应商和采购渠道。市场排行：可以展示红枣市场的排行榜，在终端市场和经销商市场，根据不同的指标（如销量、收益等）对企业或产品进行排名，终端市场排行管理页面如图4-27所示。管理员可以根据需要调整排行榜的计算规则和展示方式，以提供给用户市场走势和竞争情况的参考。成本收益：可以展示红枣种植和销售的成本和收益情况。管理员可以输入相关数据，系统会自动计算成本和收益，并以图表的形式展示给用户。这样可以帮助用户了解种植和销售的盈亏情况，做出更好的经营决策。红枣种植地区：可以展示红枣的种植地区和相关信息。管理员可以添加、编辑和删除种植地区，包括地区名称、种植面积、产量等信息。这样可以为用户提供地区红枣的种植情况和相关资源。销售热力图管理：可以配置红枣热力图的显示内容和参数。管理员可以选择展示的指标（如销量、收益、市场占有率等），以及地理区域的划分方式（如省份、城市等）。这样可以通过热力图直观地展示销售情况和市场分布。

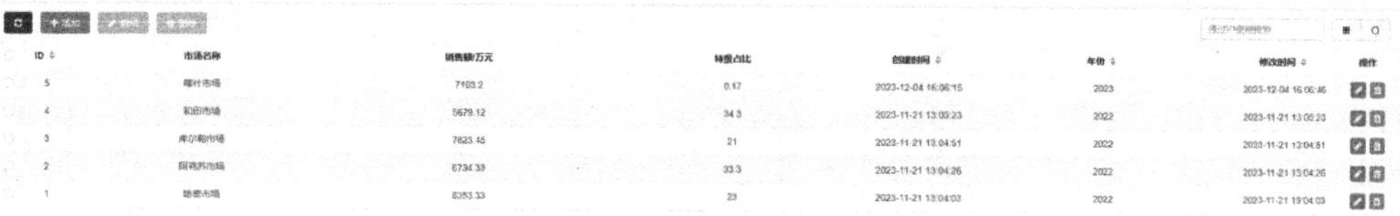

图 4-27　终端市场排行管理页面

资源管理模块中的种植管理功能主要是对小程序上传的地块信息、农事记录信息进行管理和记录。地块信息管理：管理员可以对小程序上传的地块信息进行管理和记录，包括地块的基本信息（如地块名称、面积、位置等）以及相关的农作物种植情况，如图4-28所示。管理员可以添加、编辑和删除地块信息，以及查看地块的详细信息。农事记录信息管理：管理员可以记录和管理地块的农事信息，包括施肥和灌溉的时间、施肥的种类、灌溉用量等。管理员可以添加、编辑和删除施肥和灌溉信息，以及查看地块的施肥灌溉历史记录。

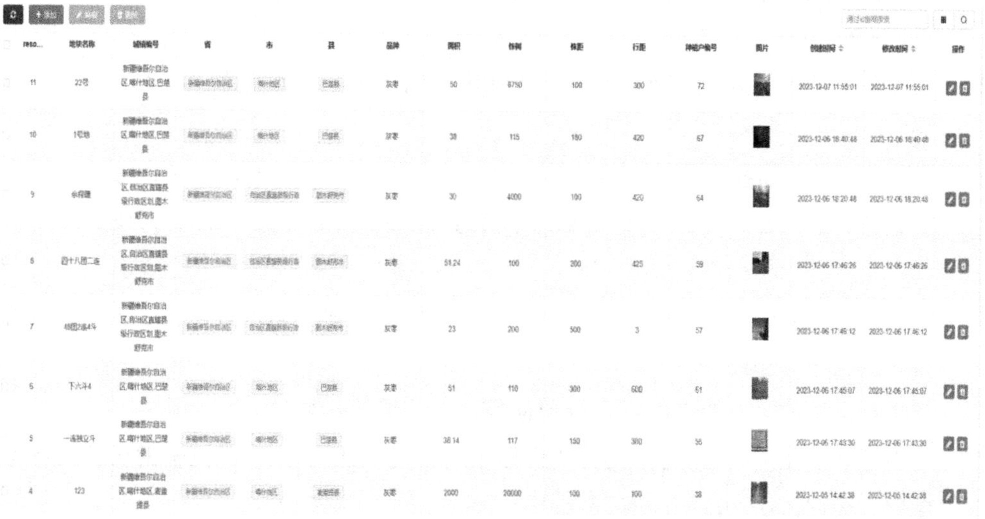

图 4-28　地块信息管理页面

销售数据管理包含了销售渠道和销售渠道占比管理以及供销记录管理。销售渠道管理：用于管理红枣的销售渠道。管理员可以添加、编辑和删除不同销售渠道的信息，如销售渠道名称、联系人、联系方式等。这样可以方便地管理和跟踪不同销售渠道的销售情况。销售渠道占比管理：用于统计和管理不同销售渠道的销售占比，如图4-29所示。管理员可以查看各个销售渠道的销售额、销量等数据，并生成相应的报表和图表。通过这个功能，管理员可以了解各个销售渠道的销售贡献度，从而进行合理的资源分配和市场推广策略制定。供销记录管理：用于记录和管理红枣的供销记录。管理员可以添加新的供销记录，包括供应商信息、销售渠道、销售数量、销售金额等。同时，管理员可以对已有的供销记录进行编辑和删除。这样可以方便地跟踪和管理红枣的供销情况，从而进行销售数据分析和业绩评估。

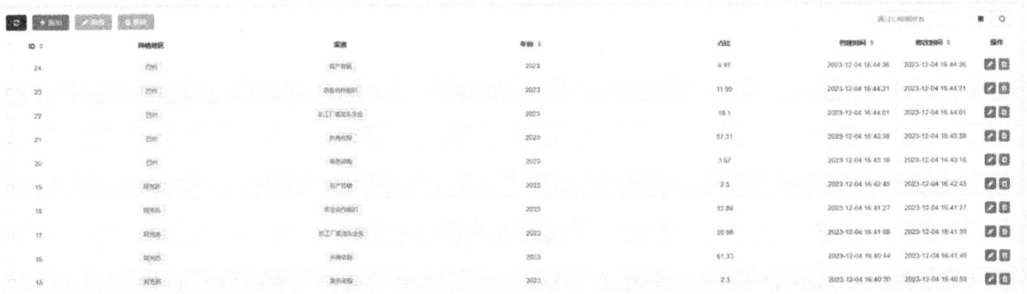

图4-29 销售渠道占比管理页面

本章参考文献

[1] 郭慧静，金新文，沈从举，等. 新疆红枣产业现状及前景展望[J]. 华中农业大学学报，2023，42(5)：35-41.

[2] 余文静，石晶. 新疆红枣产业发展现状与前景[J]. 农业展望，2022，18(11)：103-108.

[3] 张跃鸿. 农产品在线供销平台的设计与实现[D]. 长春：吉林大学，2016.

[4] 薛慧芳. 基于用户偏好的智能农业问答系统设计[J]. 辽宁农业科学，2018(1)：64-68.

[5] 刘贯昂. 基于深度学习的农业生产智能问答系统的研究与开发[D]. 北京：首都经济贸易大学，2019.

[6] 赵文栋. 基于知识图谱的电影推荐研究[D]. 深圳：深圳大学，2020.

[7] 王勇超，罗胜文，杨英宝，等. 知识图谱可视化综述[J]. 计算机辅助设计与图形学学报，2019，31(10)：1666-1676.

[8] 孙琳.基于知识图谱的农业在线信息资源推荐系统研究[D].长春:吉林农业大学,2021.

[9] 胡婷婷.基于知识图谱的电影序列推荐模型研究与应用[D].南京:南京邮电大学,2022.

[10] 尚书飞.基于知识图谱的医药问答平台的设计和研究[D].太原:中北大学,2021.

[11] 丛聪.汽车产品用户需求知识图谱的构建及分析研究[D].天津:天津大学,2021.

[12] 李艳丽.复杂网络中的链路预测研究[D].成都:电子科技大学,2021.

[13] 曹瑀晗.复杂网络中的链路预测研究综述[J].长江信息通信,2023,36(10):25-28.

[14] 王昭宇.基于机器学习方法的链路预测研究[D].开封:河南大学,2023.

[15] 邬剑升,李玉珩.基于共同邻居惩罚的复杂网络链路预测方法[J].计算机测量与控制,2023,31(3):71-75,139.

[16] 赵云聪.基于图神经网络的异构网络链路预测方法研究[D].兰州:兰州大学,2023.

[17] 孟庆玉.复杂网络大数据异构多模态目标识别方法研究[J].信息记录材料,2019,20(9):184-185.

[18] HAMILTON W L, YING R, LESKOVEC J. Inductive representation learning on large graphs [EB/OL]. 2017: arXiv: 1706.02216. http://arxiv.org/abs/1706.02216

[19] QIU J Z, DONG Y X, MA H, et al. Network embedding as matrix factorization: Unifying deepwalk, line, pte, and node2vec[C]//Proceedings of the eleventh ACM international conference on web search and data mining. 2018: 459-467.

[20] ZHANG M H, CHEN Y X. Link prediction based on graph neural networks[J]. Advances in neural information processing systems, 2018, 31.

[21] TERU K K, DENIS E, HAMILTON W L. Inductive relation prediction by subgraph reasoning[C]//International Conference on Machine Learning. PMLR, 2020: 9448-9457.

[22] WANG X, JI H Y, SHI C, et al. Heterogeneous graph attention network[C]//The world wide web conference. 2019: 2022-2032.

[23] KIM K M, KWAK D, KWAK H, et al. Tripartite heterogeneous graph propagation for large-scale social recommendation [J]. ArXiv e-Prints, 2019: arXiv: 1908.02569.

[24] SUN Z Y, ZHANG W J, MOU L L, et al. Generalized equivariance and preferential labeling for GNN node classification [J]. Proceedings of the AAAI Conference on Artificial Intelligence, 2022, 36(8): 8395-8403.

[25] YUN S, KIM S, LEE J, et al. Neo-gnns: Neighborhood overlap-aware graph neural networks for link prediction [J]. Advances in Neural Information Processing Systems, 2021, 34: 13683-13694.

[26] ZHANG M H, KING C R, AVIDAN M, et al. Hierarchical attention propagation for healthcare representation learning [C]//Proceedings of the 26th ACM SIGKDD International Conference on Knowledge Discovery & Data Mining. Virtual Event CA USA. ACM, 2020: 249-256.

[27] LIU Z Q, CHEN C C, YANG X X, et al. Heterogeneous graph neural networks for malicious account detection [C]//Proceedings of the 27th ACM International Conference on Information and Knowledge Management. Torino Italy. ACM, 2018: 2077-2085.

[28] WU Z H, PAN S R, CHEN F W, et al. A comprehensive survey on graph neural networks [J]. IEEE Transactions on Neural Networks and Learning Systems, 2021, 32(1): 4-24.

[29] SALAMAT A, LUO X, JAFARI A. HeteroGraphRec: A heterogeneous graph-based neural networks for social recommendations [J]. Knowledge-Based Systems, 2021, 217: 106817.

附录 A 红枣资源数据类别和数据提供单位

数据类别	数据提供单位
土壤类相关数据	中华人民共和国农业农村部
农业生产业务数据	国家统计局
农村经营管理数据	
农业普查数据	
林业生产业务数据	国家林业和草原局
农业气象数据	中国气象局
科技资源数据	中华人民共和国科学技术部
涉农企业数据	国家市场监督管理总局

附录 B 国家现有干制红枣标准

表 B-1 干制小红枣等级规格要求

干制小红枣	果形和果实大小				品质				含水率
项目	果形	特征	果实大小	肉质	色泽	身干	总糖含量	一般杂质	含水率
特等	饱满	对应品种	大且均匀	肥厚	对应品种	干	≥75%	≤0.5%	≤28%
一等	饱满	对应品种	大小均匀	肥厚	对应品种	干	≥70%	≤0.5%	≤28%
二等	良好	对应品种	大小均匀	较肥厚	对应品种	干	≥65%	≤0.5%	≤28%
三等	正常	对应品种	大小较均匀	肥瘦不均	允许≤10%的色泽稍浅	干	≥60%	≤0.5%	≤28%

干制小红枣	损伤和缺陷						容许率	总不合格果百分率
项目	霉变果	浆头果	不熟果	病果	虫果	破头、油头果	容许度	总不合格果百分率
特等	无	无	无	无	无	≤3%	≤5%	≤3%
一等	无	无	无	无	≤5%		≤5%	≤5%
二等	无	无	≤10%（病虫果≤5%）				≤10%	≤10%
三等	无	≤15%（病虫果≤5%）					≤15%	≤15%

附录B 国家现有干制红枣标准

表 B-2 干制大红枣等级规格要求

干制大红枣	果形和果实大小			品质					含水率	损伤和缺陷						容许率	总不合格果百分率
项目	果形	特征	果实大小	肉质	色泽	身干	总糖含量	一般杂质	含水率	霉变果	浆头果	不熟果	病果	虫果	破头果	容许度	总不合格果百分率
一等	饱满	对应品种	大且均匀	肥厚	对应品种	干	≥70%	≤0.5%	≤25%	无	无	无	无	≤5%	≤5%	≤5%	≤5%
二等	良好	对应品种	大小均匀	较肥厚	对应品种	干	≥65%	≤0.5%	≤25%	无	≤2%	≤3%	≤5%	≤10%	≤10%	≤10%	≤10%
三等	正常	—	大小较均匀	肥瘦不均	允许≤10%的色泽稍浅	干	≥60%	≤0.5%	≤25%	无	≤5%	≤5%	≤10%（病虫果≤5%）			≤15%	≤20%